U0076854

紅樹林

口袋裡的大自然！

　　台灣位在亞熱帶，氣候溫暖，加上地形多變，從海濱到三千公尺以上的高山都有，因而造就出不同的生態環境及棲地型態，真是一座生態寶島。

　　走進大自然裡，一花一木、一草一樹，或者蟲鳴魚躍等，都令人感動萬分。現在網路資訊十分發達，大部分的生物種類只要打名稱關鍵字，都可以查到一些基礎的訊息。不過，即便是今日筆記型電腦越設計越輕便，智慧型手機也都可以連上網路，但許多郊外的自然觀察點不一定都能無線上網。這時，一本可以放進口袋，查詢容易的小圖鑑，就如同身邊有一位知識豐富的導覽員，隨時可以進行現場解說。而且手握一書的溫潤感，是現代化的3C產品不能比擬的。

　　「自然時拾樂」系列套書的出版，就是為了讓喜歡接近大自然的朋友，不受限於環境，隨時都能掌握各種生物的基礎資訊。本套書以生態環境或易觀察地區為分冊依據，包括紅樹林、溪流、河口、野塘、珊瑚礁潮間帶、校園、步道植物，也針對許多人喜歡的自然現象，例如將千變萬化的雲編輯成書。

　　全套共 8 冊，開本以 9X16 公分的尺寸編輯成冊，麻雀雖小、五臟具全，每一冊都包括了一百多種不同的生物，而且每一種生物都搭配精美照片，方便讀者觀察生物的特徵及生態行為，也有小檔案提供讀者能夠快速一目了然生物的基本資訊，讓人人的口袋裡都有大自然，隨手一翻，自然就在身邊。

向紅樹林裡的
每一個生命致敬

　　紅樹林常常被人們誤解，認為它又髒又臭，只是毫無用處的爛泥地。這也是我長年觀察紅樹林的原因，期望讓大家了解紅樹林的真面貌。

　　人們常為視覺的表面所蒙蔽，紅樹林生態系就像一個生機蓬勃的大舞台，雖然不夠光滑明亮，也沒有肢體靈活跳躍的舞者，但卻有無窮的生機與生命在此演出。紅樹林在第一線阻擋潮水，留下汙泥，給泥灘地的生物留下生存空間。底層汙泥裡沙蠶、貝類取食有機質，螃蟹在泥灘地內築巢、覓食、打架，彈塗魚在泥間跳躍捕食昆蟲，大彈塗魚不顧生命危險在洞外跳躍吸引異性。白鷺鷥用腳在泥水中撥弄，把小魚趕出來啄而食之。大自然雖然看起來雜亂無章，卻是次序分明，生活在其間的每一種生命都扮演著不同的角色，也都為生存奮鬥、掙扎。

　　這是我多年來觀察自然的心得，每一次出訪紅樹林讓我有不同的驚奇與收穫。這一切的生命變化都是無上的視覺、知識饗宴，我們何其有幸能當個觀眾，經由觀察領悟著這一切自然的變化，大自然就像一個不會言語的大教室，等待你去發掘。

　　自然界每一個生命都是美麗、值得尊敬的。認識是保育的基礎，在全世界紅樹林不斷消失的今天，我們應伸出援手保護這些可愛的生物。希望朋友們帶著謙卑的心，走出冷氣房，迎接陽光、迎接潮水，蹲下來接近它（牠）們、欣賞它（牠）們。讓這些生命律動滿足你心靈與知識的渴求，也請為這些大自然的絕妙舞者起立鼓掌。

紅樹林的環境

　　台灣四面環海，由於地殼的運動，以及海水潮汐、河流、風力的侵蝕及堆積作用，海岸線非常多樣而複雜。東部多為大顆的岩石或礫石海岸，潮間帶非常狹窄。西部海岸因為有許多河流出海，將內陸攜帶的大量泥砂沈積在河口附近，加上海水沖積形成具有寬大潮間帶的泥質與砂質海岸。

　　紅樹林就生長在西部海岸的潮間帶泥質灘地上。紅樹林名稱由來，是因為有一種紅樹科植物（紅茄苳）的木材為紅色，而且樹皮含有多量單寧，可以提供紅色染料，馬來人稱為紅樹皮而得名。以往台灣西部海岸可能遍布紅樹林，分布範圍從北部淡水至南部屏東東港，但現在由於人為

的開發與破壞，只殘存約300公頃，紅樹林植物也只存水筆仔、紅海欖、海茄苳、欖李四種，需要我們多加保護。

由於河口泥灘地充滿了從上游沖下來的動植物遺骸及枯枝敗葉，富含有機質營養，孕育出為數極多的沼澤生物。但強烈的陽光，加上海浪沖擊，潮汐造成乾溼環境變化，對生活在當地的生物是很嚴苛的考驗，所以生長在紅樹林沼澤的生物，都必須具有特別的生存法寶才能存活下來。

紅樹林裡的生物，從最上層看起，有鷺鷥在此築巢、育雛；樹幹上是玉黍螺、藤壺、牡蠣棲身、進食的場所；而最下層的軟泥地，則有貝類、螃蟹、彈塗魚等，這些小動物又是較大的魚類、鳥類的食物，此種連鎖吃食的關係可以上溯至人類，共同形成一個緊密的食物網。

目次

8

甲殼類與軟體動物　129

台灣紅樹林分布地圖

七股頂頭額汕紅樹林
(欖李、海茄苳)

雙春海岸紅樹林
(紅海欖、海茄苳、欖李)

台南四草與四鯤鯓紅樹林
(欖李、紅海欖、海茄苳)

北門紅樹林 (海茄苳)

永安紅樹林 (海茄苳)

台南市
曾文溪
將軍溪
急水溪
八掌溪

阿公店溪

高雄市
台南縣

高屏溪
屏東縣

高雄縣

東港紅樹林 (海茄苳)

將軍溪口濕地

高雄市紅樹林
(海茄苳)

旗津紅樹林

典寶溪紅樹林

10

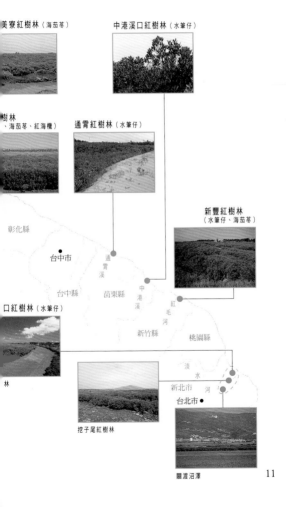

美寮紅樹林（海茄苳）

中港溪口紅樹林（水筆仔）

樹林
　、海茄苳、紅海欖）

通霄紅樹林（水筆仔）

新豐紅樹林
（水筆仔、海茄苳）

彰化縣

台中市

通霄溪

台中縣　苗栗縣　中港溪

新竹縣

紅毛河

桃園縣

口紅樹林（水筆仔）

林

淡水河

新北市

台北市

挖子尾紅樹林

關渡沼澤

11

本書使用方式

生物名稱　　　　生物照片　　　　引起探索與興趣的標題

局部特寫　　　　圖片說明文字　　　有趣的延伸知識或
　　　　　　　　　　　　　　　　　達人觀察的小撇步

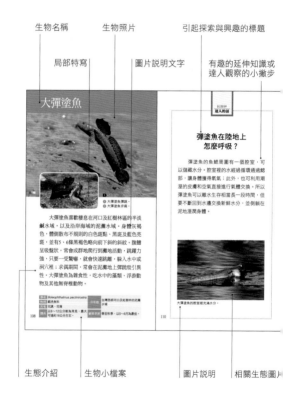

生態介紹　　　　生物小檔案　　　　圖片說明　　相關生態圖片

12

木本植物
Woody plants

水筆仔

① 水筆仔胎生苗。
② 水筆仔的花。

　　水筆仔為台灣四種主要紅樹林植物之一，較耐寒，地理分布較偏北，以新北市淡水、八里最多。特徵是會自幹基長出支柱根以抵抗潮浪衝擊。葉對生，長橢圓形，厚革質，葉面油亮富光澤，長8～15公分，花瓣白色。

　　水筆仔的果實仍掛在樹上時，種子會自土黃色的果實鑽出發芽，子葉可自母體吸收養分，提供幼苗生長，這就是水筆仔最著名的「胎生現象」。胎生苗約在3月成熟落地。

學名	*Kandelia obovata*	分布地	分布於中國大陸、台灣、日本、琉球。台灣分布於淡水至高雄的西部沿海。
科別	紅樹科		
別名	茄藤樹		
高度	為常綠小喬木，高達4～5公尺。	觀察季節	花期6～8月，胎生苗2～4月。

14

世界上
有幾種水筆仔？

以往植物學家一直認為世界上水筆仔屬植物僅有一種（*Kandelia candel*），分布範圍包括印度、東南亞、台灣、日本和中國大陸。台灣的研究學者從分子生物學的觀點，認為水筆仔以南中國海為界，分化成兩群，一群在印度和東南亞；另一群在台灣、日本和中國大陸。

中山大學的研究人員得知國外的記錄已指出此兩群的染色體數目並不相同，經進一步野外採集及實驗室觀察結果發現，此兩群植物無論在外表、內部構造及生態習性等，都有相當大的差別，很明顯屬於兩個不同種的植物。於2003年將台灣的水筆仔重新訂定學名，確立台灣的水筆仔為新種，這是台灣植物學者在科學上的重要發現，也代表台灣植物的獨特性。

紅海欖

　　台灣數量最少的紅樹林植物。為常綠小喬木，自幹上方長出氣根，斜垂插入泥土形成支柱根，小枝有明顯葉痕。葉對生，卵形或橢圓形，葉面富光澤，全緣，先端有芒，葉片長15～20公分。花黃白色，細小。

　　紅海欖與水筆仔在台灣為唯二具有胎生現象的紅樹林植物。胎生苗和水筆仔類似，數量較水筆仔少，比較粗壯，長約25～30公分，外表呈咖啡色有突起皮孔，可進行氣體交換。胎生苗在夏天成熟落地。長成後的幼苗自子葉處斷落，由於胎生苗有上輕下重的特性，能藉重力作用插入軟

學名	*Rhizophora stylosa*		分布地	中國大陸南部、東南亞、澳洲。零星分布在嘉義、台南、高雄沿海，以台南四草和四鯤鯓為主要生育區。
科別	紅樹科			
別名	五梨跤、五梨絞			
高度	約3～5公尺		觀察季節	胎生苗於7～8月成熟

泥中，很快的發出側根。若無法固著，也可藉著其中富含的漂浮組織，隨海流漂流數月不致死亡，到達遠處海岸生根定居，這也是紅樹林擴展領域的方式。

❶ 紅海欖。　　　　❷ 紅海欖支柱根。
❸ 紅海欖的胎生苗。　❹ 紅海欖的花。

17

海茄苳

常綠灌木或喬木。具橫走狀長根系，並長出直立呼吸根。葉對生，卵形，長5公分，葉背密生灰白色短柔毛。花的大小僅0.5公分左右，花冠橘黃色。果實扁球形直徑2公分，淡黃色，具短柔毛，內含種子1個。

海茄苳是台灣南部最優勢的紅樹林樹種，地下根系淺但非常寬廣。從地下橫走的根系往上長

學名	*Avicennia marina*		分布地	分布於印度、馬來西亞、菲律賓、澳洲及中國大陸東南沿海。台灣生長於西部沿海魚塭岸、排水道、河口等鹽澤地。
科別	馬鞭草科			
別名	茄萣樹			
高度	常綠小喬木，約3～10公尺。		觀察季節	開花4～8月，果實7～10月成熟。

出許多細長的呼吸根，具有許多通氣組織可以幫
助呼吸，在泥灘地上密密麻麻垂直生長的呼吸根
是非常奇特的景色。海茄苳的果實並不具有胎生
現象，含漂浮組織，可隨水流漂至遠處海灘生根
發芽，海茄苳葉片上有細小的鹽腺可將體內多餘
的鹽分排除，有時可在海茄苳葉片上發現鹽分的
結晶。在高雄旗津半島上的幾棵海茄苳老樹是台
灣最老的紅樹林。

❶ 海茄苳結果的枝條。
❷ 海茄苳呼吸根。
❸ 海茄苳的花。

欖李

2000

❶ 欖李。 ❷ 欖李的花。

　　常綠灌木或小喬木，台灣現在大約有四千多棵。葉互生，叢生於枝端，肉質，長5～6公分，先端圓形或凹形，全緣或具波狀小齒。花細小白色，直徑6公釐，花瓣5枚，長橢圓形；雄蕊10枚，著生於萼筒。果實為核果，僅1公分，長橢圓形，具宿萼，外果皮海綿狀，含種子1顆。為優良的蜜源植物。

　　欖李是台灣四種紅樹林植物中，分布較為南方的種類。葉片翠綠，夏季開花相當美麗，果實很小，但發芽率很高，在成樹附近地面常可看見許多幼苗。欖李根系相當特別，往往從地下伸出地表後再潛入地下，類似人類膝蓋彎曲的形狀，所以稱為屈膝根。

學名	Lumnitzera racemosa	分布地	分布於熱帶非洲、印度、馬來西亞、菲律賓、澳洲、太平洋諸島、琉球和廣東、廣西。台灣分布於台南四草鹽田區堤岸、溝渠邊以及曾文溪口北岸，是極為耐鹽的紅樹林植物。
科別	使君子科		
別名	難疤樹		
高度	3～5公尺	觀察季節	花期4～6月，果期8～11月。

木麻黃

❶ 木麻黃結果枝條。　❷ 木麻黃雌花。　❸ 木麻黃雄花。

　　常綠性大喬木，樹幹灰褐色。樹冠長圓錐形，小枝細，分為許多節，葉子退化為鱗片，非常細小，6～8枚輪生成鞘齒。雄花序黃色，穗狀，長在小枝先端；雌花序紅色，長在側枝上。果實為聚合果，毬果狀，長橢圓形。木麻黃和松樹的外形及果實均很相像，所以常被誤認，但其實綠色的「針葉」是木麻黃的枝條，由於含有葉綠素，可代替葉子行光合作用。耐潮亦耐旱，是台灣海岸防風林最主要的樹種。

學名 Casuarina equisetifolia	
科別 木麻黃科	**分布地** 原產南洋、澳洲。台灣各地海岸均有栽植。
別名 麻黃	
高度 10～15公尺	**觀察季節** 春夏季開花，秋冬季結果。

22

朴樹

❶ 朴樹開花。 ❷ 朴樹結果。 ❸ 朴樹。

　　落葉性喬木，樹皮黑褐色，小枝密被毛，成熟後漸光滑。葉子互生，三出脈，葉卵形至長橢圓形，長5～6公分，有粗鋸齒，表面平滑，下表面密被柔毛。花與葉同開。花萼4或5裂；無花瓣。核果球形，直徑0.4～0.5公分，成熟時黃紅色，果實常遺留至落葉後。為良好的海岸砂地防風樹種。新竹縣鳳坑村有台灣最多的朴樹老樹。

學名	*Celtis sinensis*	分布地	分布於中國大陸華南、安南等地區。生長於台灣全島平地山麓。
科別	榆科		
別名	沙朴、朴子樹、朴仔樹		
高度	可達15公尺	觀察季節	果期7～12月

23

構樹

❶ 構樹。　❷ 構樹的果實。

　　落葉性喬木。全株有乳汁,枝條上密被褐色毛。單葉互生,葉形變化很大,幼樹的葉具有深缺刻狀分裂,成熟葉是心狀卵形,葉背布滿細毛茸,葉面十分粗糙。雌雄異株;為單性花,雄花是長條狀的葇荑花序;呈圓柱型,長約4～8公分。雌花則排列成球形的頭狀花序。果實為許多小果集合成的聚合果,成熟時紅色,香甜可口。枝葉可作為鹿的飼料,所以又稱為「鹿仔樹」。

學名 Broussonetia papyrifera	分布地 台灣及熱帶亞洲
科別 桑科	
別名 鹿仔樹	觀察季節 花期在3、4月間,熟果期在6、7月間。
高度 可達10公尺	

榕樹

❶ 榕樹。　❷ 榕樹結果。

　　非常普遍的常綠大喬木，耐強風、潮水。全株有乳汁，樹皮平滑，枝葉濃密，多分枝。地表處根部常有明顯隆起，還會從枝幹生出氣根，或下垂到地面形成支柱根。榕樹的花非常奇特，稱為隱頭花序，是由膨大而內凹的花托，包裹著成千上萬朵小花所組成，不容易看見它的花朵，也只能靠特殊種類的小蜂，由尾端小孔鑽入幫助授粉。所結的果稱為隱花果，成熟時紫紅色，是鳥類重要的食物之一。

學名	*Ficus microcarpa*	分布地	分布於日本、印度、菲律賓、馬來西亞及澳洲。台灣常見於平地及低海拔山地。
科別	桑科		
別名	青仔（台語）		
高度	可達30公尺	觀察季節	全年

25

雀榕

雀榕果實。

　　落葉性大喬木，喜歡高溫、潮溼的環境。全株有乳汁，有發達的氣生根。葉長橢圓形，長10～17公分，每年會落葉2～3次，之後又馬上長出略帶紅褐色的新葉。會在枝或幹上結隱花果，成熟後呈淡紅色並帶有許多小小的白色斑點，也是鳥類愛吃的食物之一。鳥吃下果實後，藉由鳥糞傳布到其他樹上，種子可以在樹上發芽。經過數十年的生長，根部會下降到地面，將宿主緊緊纏勒致死，稱為纏勒現象。

學名	*Ficus wightiana*		
科別	桑科	分布地	分布中南半島、馬來西亞、中國、香港、琉球及日本。台灣廣泛分布於中、低海拔地區。
別名	鳥榕、山榕、赤榕、鳥屎榕、綠柄榕、黃葛樹		
高度	20公尺	觀察季節	全年，春季萌芽時的紅褐色嫩葉，非常美觀。

26

瓊崖海棠

❶ 瓊崖海棠開花。
❷ 瓊崖海棠結果。

　　陽性常綠喬木，樹皮很厚，葉子對生，橢圓形，側脈細密且平行，全緣，花為白色，圓錐花序，花瓣4片，雄蕊多數。核果圓球形，初為綠白色，成熟後轉為褐色。樹性強健，耐風、耐鹽、耐乾，普遍栽培為海岸防風樹種。木材質地細緻堅硬、經久耐用，是優良的家具材料。

學名	*Calophyllum inophyllum*		
科別	藤黃科	分布地	分布琉球及大陸海南島、太平洋諸島。台灣恆春半島、蘭嶼。
別名	紅厚殼、胡桐		
高度	8～15公尺	觀察季節	花期夏季，果期秋至冬季。

27

台灣海桐

❶ 台灣海桐。 ❷ 台灣海桐果實開裂。 ❸ 台灣海桐的花。

　　喜好陽光的灌木至小喬木，葉長橢圓形，厚紙質，全緣或波狀緣，長6～9公分。花小白色，密集，頂生圓錐花序。蒴果球形，徑約0.8公分，成熟時橘紅色，裂開時露出帶有黏性紅色假種皮的種子，甚為美麗，常吸引許多鳥雀啄食。耐旱、耐鹽鹼土壤，抗風力強，普遍用來做為海邊防風、定砂及庭園觀賞樹木。木材質地堅硬可用來做農具的柄或杵臼的材料。

學名	*Pittosporum pentandrum*
科別	海桐科
別名	七里香
高度	2～5公尺

分布地：分布台灣、菲律賓、中南半島上。在台灣產於南部海岸森林及蘭嶼。

觀察季節：主要為觀果，結果期秋至冬季。

海桐

❶ 海桐。
❷ 開裂的果實。

　　常綠小喬木或大灌木。葉叢生枝端，互生，葉片上下兩面平滑，革質；長 4～10 公分，稍向外捲。花白色，頂生，花瓣具茸毛；花瓣 5 瓣，雄蕊 5 枚，果實為蒴果，黃色，直徑約 1.5 公分，成熟後果實開裂露出鮮紅色種子；種子具稜角。耐鹽性佳、耐修剪，富觀賞性。是海岸綠化樹種。

學名	Pittosporum tobira	分布地	中國大陸、琉球、日本、韓國及台灣。常見於沿海地區海岸林中。
科別	海桐科		
別名	七里香、海桐花	觀察季節	花期5月，果熟期在10月。
高度	2～3公尺		

厚葉石斑木

❶ 厚葉石斑木開花。
❷ 厚葉石斑木結果。

　　常綠小喬木至灌木。小枝光滑。葉叢生枝端，厚革質，倒卵形，全緣或上半部有疏鋸齒。花兩性，花瓣白色，雄蕊多數，圓錐花序，有褐色毛。果實球形，成熟時藍紫色，果實是鳥類愛吃的食物之一。普遍栽培在海岸邊成為綠籬行道樹。

學名	*Rhaphiolepis indica* var. *umbellata*	分布地	分布韓國至日本。台灣分布於北部濱海及蘭嶼、綠島。
科別	薔薇科		
別名	革葉石斑木	觀察季節	觀葉、觀花、觀果，花期春季，秋季果實成熟。
高度	2～3公尺		

刺桐

❶ 刺桐。 ❷ 刺桐的花。

　　落葉大喬木，由於年齡較老的樹幹上長有黑色圓錐瘤狀的銳刺，所以被稱為「刺桐」。葉互生，三出複葉，長20～25公分；小葉菱形，長約10公分，小葉柄在基部有一對蜜腺。花比葉先開放，總狀花序，深紅色，花瓣5片，開花期全株有如火焰，極為壯觀。莢果念珠狀，長15～30公分，成熟時黑色。樹形優美，常栽培為行道樹或供觀賞。

學名	Erythrina variegate		
科別	蝶形花科	分布地	熱帶亞洲及大洋洲。台灣產於沿海、溪岸。
別名	雞公樹		
高度	10～15公尺	觀察季節	花期約在4～5月。

31

水黃皮

❶ 開花的水黃皮。　❷ 水黃皮結果。

　　常綠或半落葉喬木。葉互生,奇數羽狀複葉,小葉卵形,全緣或略波狀緣。革質,小葉5～7枚,長6～10公分。開花美麗,總狀花序,花淡紫紅色,長約2公分。莢果扁平,種子橢圓形。木材可製車輪,葉可充綠肥或飼料等。普遍栽培為海岸防風樹種或行道樹,也常種在庭園裡供觀賞。

學名	*Pongamia pinnata*
科別	蝶形花科
別名	九重吹
高度	6～15公尺

| 分布地 | 熱帶亞洲及澳洲,台灣產於全島海岸地區。 |
| 觀察季節 | 花期春、秋兩季。 |

銀合歡

1 開花的銀合歡。　2 銀合歡的莢果。

　　落葉性灌木至小喬木。葉子互生，二回羽狀複葉，小葉長橢圓形，長約1公分。花白色，花瓣5枚，雄蕊10枚。多數密生成球狀頭狀花序，直徑約2〜4公分，具長梗。莢果扁平，長12〜18公分，成熟時開裂。種子褐色有光澤。銀合歡由於生長快速，當初引進作為造紙原料，但現在已經從栽培區向外繁殖，成為低海拔開闊地的優勢種植物。

學名	*Leucaena leucocephalla*	分布地	原產中南美洲，台灣歸化於低海拔山地至海邊。
科別	含羞草科		
別名	白相思仔		
高度	2〜5公尺	觀察季節	夏季開花，果實秋冬季成熟。

33

土沉香

❶ 土沉香落葉。　❷ 土沉香。

　　為半落葉性喬木，由於燃燒木材會發出沉香味，可做為沉香代用品，所以取名「土沉香」；又因為土沉香的枝條富含白色乳汁，常生長於水邊，而有「水漆」的俗稱。土沉香的乳汁具有毒性，沾到皮膚會引起紅腫，萬一碰到眼睛後果不堪設想，所以英名為 blinding tree（瞎眼樹）。樹幹基部常會長出支柱根，常與紅樹林混生，國外常將土沉香也列為紅樹林植物，又名milky mangrove（牛奶紅樹）。

　　葉子肉質，形狀容易被誤認為是榕樹葉。花雌雄異株，雄花為柔荑花序，雌花為總狀花序。蒴果球形，直徑0.8公分，有3條深溝，成熟時暗褐色，會分裂為3小果。

學名	Excoecaria agallocha	分布地	分布於印度、琉球、菲律賓、婆羅洲、澳洲及廣東沿海。台灣產於嘉南、鵝鑾鼻沿海，常生長於海岸及溪流下游兩岸。
科別	大戟科		
別名	水賊仔、水漆		
高度	3～10公尺	觀察季節	冬季11月落葉期，滿樹黃葉非常美麗。

苦楝

① 開花的苦楝。　② 苦楝的果實。

　　落葉性大喬木，樹皮暗褐色，有深刻不規則深縱裂紋。葉互生，2～3回羽狀複葉，小葉葉基歪形，先端尖銳，全緣至鋸齒緣。花粉紫色，圓錐花序腋出，花瓣5枚，雄蕊筒紫黑色。果實為橢圓形，熟果黃色。內果皮變成一堅核，外層為肉質，鳥雀喜歡取食。種子供藥用稱金鈴子，為驅蟲藥。是海岸林的主要構成樹種。耐鹽鹼，喜歡排水良好的砂質土。

學名	*Melia azedarach*		
科別	楝科	分布地	原產於熱帶亞洲、台灣，日本。台灣分布於平地的河床沖積地。
別名	苦苓、金鈴子		
高度	可達20公尺	觀察季節	3～4月開花，果實秋季成熟。

35

黃槿

❶ 開花的黃槿。　❷ 黃槿的花。

　　常綠喬木。葉互生，革質，心臟形或圓形，長8～14公分，全緣或不明顯齒緣，葉背布滿茸毛狀星狀毛，葉柄也有黃褐色茸毛。花兩性，黃色，中央暗紫色。花萼5裂，具有附萼（總苞），花瓣5枚；雄蕊多數，雄蕊筒包圍雌蕊，花柱5枚。果實為蒴果，球形，成熟時開裂。有人會用它的葉子製粿，所以有「粿葉」的稱呼。為海岸地區行道樹，可用來防砂、防潮及防風。

學名	*Hibiscus tiliaceus*	分布地	分布於中國大陸廣東、菲律賓群島、太平洋群島、南洋群島、印度、錫蘭等地。台灣生長於全島海岸附近。
科別	錦葵科		
別名	粿葉、鹽水面頭粿		
高度	可達15公尺	觀察季節	花期全年，以夏季最盛。

36

無葉檉柳

　　常綠灌木或小喬木，喜歡高溫氣候。小枝細柔圓筒形，外形酷似木麻黃，每節長約0.1公分。葉子退化成鞘狀，僅具一齒。花為頂生圓錐花序，白色至淡粉紅色，花瓣與花萼各5枚。蒴果長約0.4公分，有多粒種子，種子頂端有毛叢。是濱海及農地的防風林樹種；由於成株枝葉柔細下垂，很像柳樹，也常被用來做為庭園觀賞樹。

學名	*Tamarix aphylla*
科別	檉柳科
別名	檉柳、西河柳、觀音柳
高度	3～5公尺

分布地	原產非洲北部、東部及亞洲西部。台灣多栽植於海岸地區。
觀察季節	花期為春至夏季。

欖仁

❶ 欖仁結果。　❷ 欖仁冬季紅葉。

　　落葉性喬木，側枝輪生，水平伸出。葉叢生於枝條頂端，葉先端鈍，葉全緣。嫩葉被有絨毛，落葉期轉紅。花白色，位於枝端，為穗狀花序，雌雄同株，雄花位於前端，雌花在下。果實為核果，呈扁橢圓形，果皮堅硬富含纖維質，兩側有突起，可隨海水漂浮傳布。老樹基部會形成板根。台灣普遍栽培為海岸行道樹及庭園樹。

學名	*Terminalia catappa*	分布地	熱帶亞洲及太平洋諸島。台灣產恆春半島、蘭嶼。
科別	使君子科		
別名	枇杷樹	觀察季節	落葉期11～隔年1月，冬季滿樹紅葉，是平地、海岸地帶少數的紅葉植物。
高度	10～25公尺		

38

大葉山欖

① 結果的大葉山欖。 ② 大葉山欖的花。

　　常綠喬木，樹幹直立，小枝粗壯，有明顯葉痕。樹皮富含乳汁，黑褐色。葉倒卵形，叢生於枝條先端，厚革質，先端圓鈍，全緣，長12～16公分。花白色，2～4朵集生於葉腋，花萼、花瓣均為6枚。漿果長橢圓形，肉質，黃綠色。果實可以食用，原住民稱為橄欖，木材堅硬，可供建築。

學名	*Palaquium formosanum*
科別	山欖科
別名	台灣膠木、馬古公
高度	高12～20尺

分布地	分布菲律賓。台灣分布於北部、東部、南部及蘭嶼的海岸區域。
觀察季節	花期春季，果實秋季成熟。

39

海檬果

❶ 海檬果開花。　❷ 海檬果的果實。　❸ 海檬果的花。

　　常綠性小喬木，樹皮黑褐色，具有白色有毒乳汁。葉叢生枝端，倒披針形，長15～25公分，全緣。花頂生，白色，中央為紅色，花冠筒狀，先端5裂。核果卵形，成熟時紅色，很像芒果，所以稱為海芒果，果皮具纖維質，種子一個。常做為行道樹、海岸防風林及庭園觀賞樹，果實有毒不可誤食。

學名	*Cerbera manghas*	分布地	分布廣東、印度、馬來西亞、菲律賓。台灣產於北部、東部海岸、恆春半島、蘭嶼。
科別	夾竹桃科		
別名	山仔、海仔、海芒果		
高度	高可達12公尺	觀察季節	花期3～7月，果期6～10月。

白水木

① 白水木。　② 白水木的花。

　　常綠灌木或小喬木。葉互生，叢生枝端，倒卵形，肉質。葉片布滿銀白色 毛，綠中帶白。花小白色，頂生蠍尾狀聚繖花序，密生於單側。果實為核果，直徑約5〜9公釐長。果實成熟時白色或淺綠色，外殼是軟木質，能漂在海水上，隨水漂流到其他海岸生根發芽。由於白水木能耐鹽分、抗海風、樹型優美、蟲害又少，被大量種植在海濱當成行道樹。

學名	*Messerschmidia argentea*	分布地	分布恆春半島、蘭嶼、小琉球、綠島海岸。
科別	紫草科		
別名	白水草、山埔姜	觀察季節	花期4〜6月，果期6〜10月。
高度	可達10公尺		

苦林盤

❶ 開花的苦林盤。　❷ 苦林盤的花。

　　蔓性灌木，小枝被毛。葉對生或3枚輪生，全緣，革質，卵形或橢圓形，3～8 公分長，兩端銳至鈍。花白色，聚繖花序，通常具3朵花。花萼5裂，花冠筒約2公分長；花絲紫紅色。果實近球形。耐鹽且適應性極廣，無論砂灘、草澤或紅樹林都有分布。開花美麗而且繁殖容易，近年來推廣為海岸綠化樹種。

學名	*Clerodendrum inerme*	分布地	中國大陸南部、中南半島、澳洲、琉球、日本。台灣普遍分布全島沿海地區。
科別	馬鞭草科		
別名	苦藍盤		
高度	1～2公尺	觀察季節	開花期夏季

42

馬纓丹

❶ 馬纓丹。 ❷ 馬纓丹的果實。

　　常綠半蔓性灌木，小枝四稜形，具有逆向的銳刺，全株含刺激性異味。葉對生，先端尖，鈍鋸齒緣，葉面粗糙。全年均能開花，頭狀花序呈繖房狀，腋出，花色繁多，故又稱五色梅。核果球形，肉質，成熟時藍黑色，成串著生。生性強健，耐旱抗瘠，花期長，花姿美豔，也是蝴蝶很喜歡的蜜源植物。是少數在木麻黃林下可以生長的優勢植物。

學名	Lantana camara	分布地	原產西印度。在台灣低海拔山區、平原、海岸已歸化呈野生狀態。
科別	馬鞭草科		
別名	五色梅		
高度	高約1～2公尺	觀察季節	全年，但以春末至秋季盛開。

43

蔓荊

開花的蔓荊。

　　落葉性蔓性灌木，海濱的優勢植物。莖匍匐橫臥地面，全株枝幹密被白色柔毛；節處生根，可藉此固著植物體。單葉對生，被細毛，葉厚紙質，葉片倒卵形，全緣或波狀緣，背面灰白色，2.5～5公分長；花呈藍紫色，偶白色，花序頂生，圓錐花序，花冠唇形，花萼鐘狀，雄蕊4枚，二強雄蕊（二長二短）。果為核果，近球形。成熟果實，即所謂「蔓荊子」曬乾後，煮開水當涼茶飲用，能解熱治感冒。

學名	Vitex rotundifolia		
科別	馬鞭草科	分布地	分布中國大陸、日本、南洋群島。台灣分布全島海岸。
別名	海埔姜		
高度	10～60公分	觀察季節	花期5～8月；果期8～10月

44

草海桐

❶ 草海桐的花。
❷ 草海桐。

　　多年生小灌木，莖平滑。葉互生，肉質，叢生於枝端，長倒卵形，長10～20公分。花白色腋生，聚繖花序，花冠具軟毛狀突起，筒狀，左右對稱，呈半圓形撕裂狀，向下開展。果實為核果。白色多汁。花朵造形奇特。果實可供食用。可供庭園樹、海岸防風定砂之用。

學名	*Scaevola sericea*
科別	草海桐科
別名	細葉水草
高度	高1～3公尺

| 分布地 | 分布日本、琉球、太平洋諸島。產台灣南部海岸。 |
| 觀察季節 | 花期全年，以夏季最盛。 |

45

冬青菊

❶ 冬青菊。　❷ 冬青菊的瘦果。

　　多年生草本至灌木狀。葉厚紙質，葉互生，葉形與冬青之鋸齒狀葉相似，長2～3公分。頭狀花序卵形，位於枝條頂端，粉紅色至淡紫色，由中央的兩性管狀花和周圍的雌性舌狀花組成，徑 0.8～1公分。瘦果扁平四角柱形，有淡黃色冠毛，可隨風飄散傳布。

學名	*Pluchea indica*		分布於印度、廣東。台灣沿海溼地常見，尤其以雲林、嘉義、台南沿海最多。
科別	菊科	分布地	
別名	鯽魚膽、臭屎、茄萣、闊苞菊		
高度	莖高可達180公分。	觀察季節	春夏開花，秋季賞果。

苦檻藍

❶ 苦檻藍的花。 ❷ 開花的苦檻藍。

　　常綠小灌木。全株平滑，下部枝椏常伏臥地上並觸土生根。葉互生，叢生枝頭，倒披針形至長橢圓形，肉質，全緣，長6～10公分。花 1～3 朵簇生於葉腋，下垂；萼鐘形，宿存，花冠淡紫色，具深紫色斑點，漏斗狀鐘形，5裂；雄蕊4枚，著生於花筒。果實為核果。苦檻藍的花朵大而美麗，園藝業者大量栽培為海岸綠美化樹種。

學名	*Myoporum bontioides*		
科別	苦藍盤科	分布地	分布於日本、琉球及華南。在台灣生長於西海岸。
別名	苦藍盤、甜藍盤		
高度	1～2公尺	觀察季節	花期夏季

林投

結實的林投。

　　定砂力很強的灌木或小喬木。莖多分枝，有輪生葉痕，基部多具支持根。葉子於枝端螺旋狀著生，長1～1.5公尺，寬3～5公分，葉緣及先端背面之中肋具有尖銳針刺。雌雄異株。聚合果球形，徑達20公分，熟時紅黃色，由多數核果組成，核果具纖維質，能隨海水漂流。可做為海岸防風定砂之用。常生長於紅樹林外圍砂質土壤中。

學名	*Pandanus odoratissimus* var. *sinensis*		分布地	分布大陸南部及太平洋諸島。產於台灣全島海岸及澎湖等離島。
科別	露兜樹科			
別名	華露兜、露兜樹			
高度	高達2～5公尺		觀察季節	全年

48

草本植物
Herb

濱水菜

❶ 濱水菜。　❷ 濱水菜的花。

　　肉質多年生匍匐草本。全株光滑，莖多分枝，節節生根。葉對生，橢圓狀倒披針形。花被片 5 枚，呈星形，外面綠色裡面紫紅或近白色。果為蒴果蓋裂，又稱為蓋果。冬季乾旱時全株轉紅。俗名「豬母菜」，名稱來自於可用來餵豬。常見於塭邊、溝邊、鹽地、泥岸、砂岸及礁岸上，適應性極廣。易扦插繁殖。以前養殖業者常種在魚塭旁以保護岸邊。

學名	*Sesuvium portulacastrum*
科別	番杏科
別名	豬母菜、蟳螯菜、海馬齒
高度	10～20公分

| 分布地 | 廣泛分布於熱帶與亞熱帶。台灣生長在中南部海岸。 |
| 觀察季節 | 春夏季開花 |

番杏

　　匍匐性草本，莖少分枝，綠色，被囊狀毛。
葉扁平粗糙，互生，厚肉質，鏝形至菱狀卵形，
葉緣往往有波浪狀起伏。花黃色；花被5片。果
實為堅果，成熟時轉為黑色，脫落後可隨水漂流
傳布。番杏是一種很可口的野菜，味道似菠菜，
所以有紐西蘭菠菜的別名，耐鹽，病蟲害又少，
很值得推廣為蔬菜食用。

學名	*Tetragonia tetragonoides*		
科別	番杏科	分布地	分布太平洋沿岸，台灣全島海岸附近砂質地。
別名	紐西蘭菠菜、蔓菜		
高度	20～30公分	觀察季節	花期春至夏季

51

假海馬齒

　　多年生匍匐性草本。莖圓筒狀，向光的一面帶紫色，節膨大。葉對生，薄肉質，長 1.5～3公分，廣倒卵形或廣橢圓形，綠色，葉緣紫紅，密生微小尖齒，葉基部連生一對短縮的托葉。花單生於對生葉之中央，花被 5 片，粉紅色；花藥粉紅，花絲白；雌蕊白色。果為蓋果。種子圓腎臟形，黑色。

學名	*Trianthema portulacastrum*	
科別	番杏科	
別名	假馬齒莧	
高度	20～30公分	

分布地	分布於熱帶。台灣生長於中南部沿海路邊、塭岸。
觀察季節	花期春至夏季

52

毛馬齒莧

❶ 毛馬齒莧。　❷ 毛馬齒莧的花。

　　一至多年生草本植物，莖肉質，有許多分枝，匍匐地面生長。葉肉質、螺旋狀著生，葉線狀披針形，長約1～2公分，先端略尖，密集生長。葉腋內有稀疏的長柔毛。花紫紅色，萼片長圓形，紅色或淡紅色。蒴果蓋裂，果實卵形，有光澤。種子黑色。毛馬齒莧花朵美麗，扦插繁殖相當容易，可採集做為庭園地被植物。

學名	*Portulaca pilosa*		
科別	馬齒莧科	分布地	原產於熱帶美洲，現在已歸化台灣沿海。
別名	松葉牡丹、午時草、禾雀舌		
高度	10～15公分	觀察季節	花期3～10月，果期7～12月。

53

馬氏濱藜

① 馬氏濱藜。 ② 馬氏濱藜的果實。

　　一年生草本植物，果實生長於海濱、堤岸等鹽分地。莖平臥地面，多分枝。葉互生，葉卵形至三角形，全緣，長2～5公分，薄肉質，兩面具銀灰白色鱗狀毛。花黃綠色，穗狀花序，單性，同株或異株，雄花具雄蕊5枚；雌花有2枚苞片。果為胞果，由苞片所包被。果實成熟後形成薄膜狀，乾燥不開裂，藉由風力傳布。種子為濃褐色或黑色。馬氏濱藜又名海芙蓉，中草藥上可浸酒飲用，治風溼。由於採摘嚴重，已日漸稀少。

學名	*Atriplex maximowicziana*		
科別	藜科	分布地	琉球、台灣、中國大陸東南部。台灣產於南部及澎湖海濱。
別名	海芙蓉、白芙蓉		
高度	30公分	觀察季節	春夏季開花、夏秋季結果

裸花鹼蓬

　　從別名「鹽定」就可知道非常耐鹽，耐旱。多年生宿根草本，伏生地面寬達50～60公分，分枝叢生。葉互生，厚肉質，長橢圓形或披針形，長1～3公分，不具葉柄，肉質葉片細長肥厚彎曲。花細小，於莖端密生成穗狀花序，黃綠色；單被花，萼片與雄蕊對生，各5枚。胞果褐色，扁球形，種子細小，黑色具光澤。

學名	*Suaeda maritima*		
科別	藜科	分布地	廣泛分布於北半球海岸。台灣分布於中南部海岸，普遍生長於嘉南沿海之鹽漬地。
別名	鹽定		
高度	20～30公分	觀察季節	春季開花，夏季結果，秋冬季植株轉為紅色。

土牛膝

　　多年生草本。莖直立，堅實，具4稜，密生柔毛，節膨大如膝狀，入秋後地上部分變成暗紅色。葉對生，具葉柄；葉片紙質，卵圓形或倒卵形，長4～8公分，全緣，兩面被柔毛。花小，淡綠色，穗狀花序，直立，花被片5枚，雄蕊5個，苞片淡紅色，卵形，具長芒；胞果卵形，長約0.3公分。種子具剛毛，會附著於人畜身上，散播繁殖。為木麻黃林下優勢植物。

學名	*Achyranthes aspera*	分布地	菲律賓、馬來半島、印度、台灣和琉球等地。為木麻黃海岸林下的優勢植物。
科別	莧科		
別名	印度牛膝、擦鼻草、牛膝、土牛七		
高度	60～100公分	觀察季節	花期夏季至秋季

無根藤

　　生長於海岸邊砂地的蔓性寄生植物，黃綠色的莖往往延伸數公尺，並以莖部纏繞侵入其他植物體內，奪取對方的養分為生，包括馬鞍藤、蔓荊等低矮的海岸植物，甚至高大的黃槿、榕樹等都難逃被寄生的命運。葉子退化成鱗片狀。花排成短穗狀花序，白色至淡黃色，細小，直徑約0.3公分。花被6枚。果實為漿果，球形，直徑約0.7公分。

學名	*Cassytha filiformis*		
科別	樟科	分布地	中國大陸、日本、琉球。台灣沿海地區、蘭嶼、綠島。
別名	無根草、無葉藤		
高度	10～20公分	觀察季節	全年可見花果

濱刀豆

　　多年生匍匐蔓性草本植物。莖圓筒形，無毛，多分枝，在節處生根。葉三出複葉，全緣，厚紙質，葉柄長3～5公分。花紫或粉紅色，蝶形花，總狀花序。莢果7～9 公分長，長橢圓狀，革質，肥厚，外形如彎刀，所以有「濱刀豆」的名稱。種子黃褐色，卵形或橢圓形。

學名 *Canavalia lineata*
科別 蝶形花科
別名 肥豬刀、豆仔藤、小果刀豆
高度 20～30公分

分布地　中國大陸、日本、琉球。台灣全島海岸普遍分布。

觀察季節　春末至秋季

濱豇豆

　　多年生蔓性藤本。葉互生，革質，葉片兩面光滑，三出複葉，小葉闊卵形。長約4～7公分。花黃色，蝶形花，總狀花序直立性，長約10公分，花朵多數。莢果圓柱形，在種子間收縮，長約4～5公分，無毛，成熟時黑褐色，內有種子5～6粒。豆莢有葫蘆般的曲線，是與濱刀豆辨識的重要特徵。

學名	*Vigna marina*		
科別	蝶形花科	分布地	廣泛分布熱帶海岸。台灣沿海普遍分布。
別名	豆仔藤		
高度	20～30公分	觀察季節	春末至秋季

裂葉月見草

　　多年生匍匐性草本。多分枝，基生葉蓮座狀，莖生葉狹倒卵形或橢圓形，疏鋸齒緣。雌雄同株，花輻射對稱，花瓣黃色，花朵於夜間開放，到清晨即凋謝，花朵轉為橘紅色。蒴果圓柱形，具4稜，成熟時開裂，種子橢圓形。

學名	*Oenothera laciniata*	分布地	原產北美洲。普遍歸化於亞洲、歐洲、太平洋諸島。台灣分布於北部濱海砂質海岸。
科別	柳葉菜科		
別名	月見草		
高度	20～30公分	觀察季節	花期夏季

水芹菜

① 水芹菜。
② 水芹菜的花。

　　多年生水生草本。莖基部稍匍匐斜上，莖中空，有稜溝。葉互生，葉柄細長，中空，1～2回羽狀複葉，小葉卵形至狹羽狀裂，裂片菱狀披針形，具粗鋸齒；羽狀複葉長10～22公分。花小白色，排成複繖形花序。花萼及花瓣各5枚，倒卵形，雄蕊5枚，與瓣互生。果實橢圓形，種子淺褐色。可摘取嫩莖及嫩葉食用。

學名	*Oenanthe javanica*		
科別	繖形花科	分布地	中國大陸、印度、日本、澳洲。台灣常見於水溝、溪岸。
別名	水芹英、水芹、水靳、水英		
高度	20～80公分	觀察季節	全年

61

黃花磯松

　　生長於海邊的鹽地、鹽溼地，多年生草本，主根為直根系，特別粗大，所以有「一條根」的稱呼。葉根生，長匙形，先端鈍，微肉質，長15公分，寬1～2公分；花黃白色，為繖房花序，著於花莖上，小花鐘形，花萼白色，微5裂；花冠5裂瓣，黃色；雄蕊5枚，與花瓣片對生。是很漂亮的海濱花卉，也是藥用植物，可補血、清熱。

學名	*Limonium sinense*	分布地	分布於日本、中國大陸沿海。台灣生長於中南部沿海鹽溼地、海埔地之多年生草本。
科別	藍雪科		
別名	石蓯蓉、魴仔草、赤芍、一條根		
高度	20～50公分	觀察季節	花期夏季

平原菟絲子

❶ 平原菟絲子。　❷ 平原菟絲子果實。　❸ 平原菟絲子開花。

　　寄生性一年生草本植物，常寄生於海邊的馬鞍藤、蔓荊、茵蔯蒿等植物上。莖纖細，呈淡綠、淡黃、黃或金黃等色，以逆時針方向纏繞寄主，盤繞上寄主後形成吸器侵入寄主植物組織。無葉。花簇生成總狀花序；花萼5裂，基部以下癒合；花冠乳白或淡黃色，雌蕊具花柱2枚。蒴果扁球形，下半部為宿存的花冠所包被，成熟時開裂。種子3～4粒，淡褐色，卵形。

學名	Custuta campestris	分布地	原產北美洲。歸化於台灣低海拔地區，以海邊砂質灘地最普遍。
科別	旋花科		
別名	無根草		
高度	10公分	觀察季節	全年

63

馬鞍藤

　　馬鞍藤屬於牽牛花的一種，在眾多的海濱植物中，馬鞍藤的花特別大、特別豔麗，所以有「海濱花后」的稱呼。多年生匍匐性草本，全株光滑，莖上的節會出不定根，具有良好的定砂能力，是非常優美的海岸定砂及覆蓋植物。葉互生，厚革質，形如馬鞍，葉長4～8公分，葉柄長達12公分。花紫紅色，直徑約8公分。蒴果黑褐色，種子4個，近球形，直徑0.5～0.7公分且被有黃褐色毛。冬季地上部枯死，地下部休眠，春季重新萌發薪芽。

學名	*Ipomoea pes-caprae*
科別	旋花科
別名	鱟藤
高度	10～20公分

| 分布地 | 分布全世界熱帶、亞熱帶海岸，為世界性的海邊植物。台灣產於全島海岸及澎湖等離島。 |
| 觀察季節 | 花期以夏季最盛 |

過江藤

　　多年生匍匐草本，莖細長，蔓延達 1～2公尺。葉對生，厚紙質，長 2～4公分，僅具中肋1條，上半部有粗鋸齒緣。花粉紅、白色至淡紫色，筒狀唇形小花排成穗狀花序，長 2～3公分，花序具長梗；花冠 2唇5裂，直徑0.2公分；二強雄蕊。果實倒卵形，外果皮略木質化。可做為海岸護岸、定砂、綠肥植物。

學名	*Phyla nodiflora*		
科別	馬鞭草科	分布地	廣泛分布於熱帶、亞熱帶。台灣生長於海濱溼地。
別名	石莧、鴨母嘴		
高度	10～20公分	觀察季節	開花期春至秋季

65

夏枯草

　　群生在海邊至低山的多年生草本。莖方形，直立或呈匍匐狀。全株具短毛。葉對生，有柄，長約1～3公分，卵形或橢圓狀披針形，全緣或微鋸齒緣，葉子兩面被毛。花淡紫色，多花聚集成圓錐花序，每朵長約1公分，唇形，上唇寬闊中凹，下唇3裂，中央裂片有鋸齒，夏季花謝後，地上部逐漸枯萎，所以稱夏枯草。

學名	*Prunella vulgaris*		
科別	唇形科	分布地	分布中國大陸、日本、韓國。台灣中、北部沿海至低海拔地區。
別名	下枯草、夏枯花、六月乾、枯草穗		
高度	20公分	觀察季節	春至夏季

長柄菊

　　多年生草本，常聚生成群，全株有剛毛。葉卵形至披針形，不規則深鋸齒緣，長3～5公分，兩面密布剛毛。頭狀花序是由5～8片淡黃白色的舌狀花所圍成，中心則是許多黃色的筒狀花。舌狀花雌性；單立，黃白色，徑約2公分，花梗細長直立，長10～20公分。瘦果呈褐色圓筒形，長約0.2公分，冠毛羽毛狀，表面密布灰白色剛毛；成熟時呈棕色。種子具冠毛，能隨風散布。

學名	*Tridax procumbens*		
科別	菊科	分布地	熱帶美洲。台灣全島的海濱、平野、山麓均隨處可見。
別名	燈籠草、肺炎草、衣扣菊、羽芒菊、金再鉤、翠達草		
高度	30～60公分	觀察季節	全年

雙花蟛蜞菊

　　多年生匍匐性或懸垂狀的草本。莖延長有稜，被有粗毛，蔓莖延伸可達數公尺。葉對生，鋸齒緣，紙質，具長柄，卵形，三出脈，大小差異頗大，長約5～15公分。頭狀花序黃色，直徑約3公分，常常成對，由管狀花與舌狀花共同組成。瘦果長約3～3.5公分，通常呈3或4角形，起初為黃綠色，成熟時轉為棕褐色。

學名	*Wedelia biflora*	分布地	印度、東南亞、太平洋諸島、中國大陸、台灣及日本。在台灣廣泛分布於全台海邊。著生在紅樹林沼澤邊的堤岸、壤土環境、海邊，為多年生草本植物，常成片蔓生拓植。
科別	菊科		
別名	九里明、大蟛蜞菊、雙花海砂菊		
高度	可高達60公分以上	觀察季節	開花期在春夏兩季

68

單花蟛蜞菊

　　多年生匍匐性草本，莖橫臥，從節處生根緊貼地面。葉對生，長約1.5～3公分，長橢圓形或菱狀橢圓形，具疏鋸齒，革質，具短剛毛，表面粗糙。頭狀花黃色單生於莖頂端，直徑約2公分，瘦果具3～4稜，先端具剛毛。為海岸防風定砂植物。

學名	*Wedelia prostraata*	分布地	中國、日本、東南亞。台灣產於南北部砂質海岸。
科別	菊科		
別名	天蓬草舅、貓舌菊	觀察季節	花期5～10月
高度	30公分		

69

文珠蘭

① 文珠蘭。
② 文珠蘭果實。

　　多年生粗狀草本，具圓柱形地下鱗莖。葉子帶狀披針形，著生於莖頂，螺旋狀著生，肉質，平滑有光澤，長80～90公分。花白色筒狀，先端6裂，雄蕊6枚，雌蕊1枚，花朵具有芳香。蒴果球形。常見於濱海地區或河旁砂地，以及山澗林下蔭溼地，為典型的海漂植物之一。開花美麗，園藝大量推廣栽培觀賞。

學名	*Crinum asiaticum var. sinicum*	分布地	琉球、日本、印度、中國。台灣產全島海岸，澎湖、綠島、蘭嶼。
科別	石蒜科		
別名	海蕉、允水蕉、文殊蘭、水蕉		
高度	1～1.5公尺	觀察季節	花期夏季

70

雲林莞草

❶ 雲林莞草 ❷ 雲林莞草的花。

　　多年生草本，具有深棕色地下根莖。莖三角形，單生。葉線形，長15～50公分，寬0.2～0.6公分。自近莖頂長出花穗，由1～6枚無柄小穗組成之花序呈頭狀；花苞片淡褐色，具1脈，於先端延伸成芒。果為瘦果，扁平，成熟時為黑褐色。

　　雲林莞草常在潮間帶形成大面積草澤，台中高美濕地、彰化大肚溪口都有分布，偶爾可見一叢叢雲林莞草與紅樹林混生在一起。

學名	*Bolboschoenus planiculmis*
科別	莎草科
別名	田草仔、蒜仔草
高度	高 20～50公分

分布地	分布於日本、中國大陸。生長於台灣西部海岸之潮間帶濕地。
觀察季節	春季自地下莖萌發幼莖，5～6月開花，冬季休眠。

71

單葉鹹草

　　為叢生多年生草本。地下根莖匍匐橫走於泥
地中，稈直立，叢生，直徑0.5～1公分，橫切面
銳三稜形，平滑，深綠色。葉退化。複繖形花序
具多數輻射枝生長於莖頂端，長2～9公分。瘦果
長橢圓形，成熟時由黃綠色轉為棕色。本種與大
甲藺非常類似，都俗稱為鹹草，稈可用於編織草
蓆、草帽。唯大甲藺花序為卵形，生長在近桿頂
端的側邊可供區分。

學名	*Cyperus malaccensis* subsp. monophyllus	分布地	分布於琉球、中國南部。普遍生長於台灣海岸之低溼地，可於溼地栽培。
科別	莎草科		
別名	鹹草		
高度	高約80～100公分	觀察季節	春季至秋季

白茅

　　多年生草本，根狀莖發達，密布鱗片，稈直立。葉片扁平，線形，長約20～40公分，寬約0.8公分。圓錐花序頂生，長20公分，小穗長約5公分，基部有白色絲狀柔毛；穎片亦有長絲狀柔毛。雄蕊2枚，花藥長0.3～0.4公分；柱頭2枚，紫黑色，羽狀。穎果橢圓形，長約0.1公分。繁殖力強，長成大面積群落，開花期非常壯觀。

學名	*Imperata cylindrica*	分布地	廣泛分布於亞、歐、非各洲溫帶和熱帶地區。台灣全島低海拔及沿海開闊地帶極普遍。
科別	禾本科		
別名	白芒、茅仔草、茅草、絲茅、茅柴、地筋、甜根		
高度	25～80公分	觀察季節	花果期 5～9月

73

蘆葦

　　台灣海岸沼澤地的植物相，通常可分為以草類為主的草澤與樹木為主的林澤，林澤是紅樹林，而蘆葦就是形成草澤的主要草類之一。

　　蘆葦是多年生禾草，稈空心。地下根莖發達。葉互生成2列，細長，長40公分。花為圓錐花序，大形，頂生，長15～40公分。小穗具2～4朵小花，小花基部披白毛。蘆葦由於有強悍而發達的地下莖，其他植物不容易與它競爭。冬季蘆葦果實成熟，成片棕色的果穗隨風搖曳，十分壯觀。

學名	*Phragmites communis*	分布地	廣泛分布於全球熱帶及溫帶地區。生長在台灣圳溝邊、河口沼澤及沿海鹽沼地。
科別	禾本科		
別名	葦、蘆		
高度	高1～3公尺	觀察季節	8～10月開花，果實10～12月成熟。

紅毛草

多年生草本，地下根莖粗短，稈直立，全株有毛。葉片長10～20公分，葉鞘有毛，葉舌有一圈長柔毛。花朵為開展型圓錐花序，雌雄同株，花序長約15公分，粉紅色，小穗卵形，外覆粉紅色絲狀毛，雄蕊3枚，柱頭呈羽毛狀，子房光滑。穎果長橢圓形。

學名	*Rhynchelytrum repens*	
科別	禾本科	分布地
別名	筆仔草	
高度	60～120公分	觀察季節

中南部多石礫的乾河床，及河邊砂質土壤。當初引入台灣為庭園植物或當成牧草，後來成為歸化植物。

花期為秋～初春

濱刺草

① 濱刺草雄花序。
② 濱刺草果實。

　　多年生匍匐性草本，枝條硬，節節生根以定砂，長可達數公尺，葉綠白色，密生於枝條，刺針狀線形，非常剛硬強韌，刺到皮膚會受傷。花為單性，雌雄異株，雄花序頂生，由多數穗狀花序組成；雌花序由多數雌小穗構成，刺球狀。秋季果實成熟，雌花毬自花梗斷裂，隨風滾動放出種子。

學名	*Spinifex littoreus*		
科別	禾本科	分布地	印度、南洋群島、菲律賓、日本。分布全島砂質海岸
別名	貓鼠刺、老鼠刺		
高度	60公分	觀察季節	花期夏季，秋季結果

鹽地鼠尾粟

　　具有堅硬根莖之多年生禾草，地下莖在泥地下橫走，不斷長出新的植株，形成一大片密布的草皮。葉片革質，尾部呈針狀，先端尖銳，腳踩到會有刺痛感。花序為緊縮的圓錐花序，約8公分長；小穗具一朵小花，0.25公分長。極耐水浸及鹽分。

學名	*Sporobolus virginicus*	分布地
科別	禾本科	
別名	針仔草、鐵釘草	
高度	20～30公分	觀察季節

分布溫帶地區，美洲、西印度群島至巴西、琉球、中國、中南半島、印度、錫蘭、馬來西亞、菲律賓、澳洲及非洲。台灣普遍生長在中南部沿海泥地、鹽地、堤岸。

全年，開花期春夏季。

水燭

① 水燭（狹葉香蒲）。 ② 水燭的花序。

　　多年生草本，挺水性植物，葉狹線形，直立，長50～150公分，橫切面微內彎。雌雄花序圓柱形，長30～60公分，雌雄花序不連接，其間有一小段不具花的短軸；雄花序在上，長20～30公分；雌花序在下，長10～30公分。果實為小堅果。可藉由根莖及種子繁殖，常和蘆葦混生。

　　水燭與香蒲（*Typha orientalis*）為同屬不同種植物，兩者非常類似，也生長於相似的環境，可從水燭的雌雄花序不連接，中間有一小段不具花的短軸，而香蒲則是雌雄花序連接不間斷可以區分。

學名	*Typha angustifolia*
科別	香蒲科
別名	水蠟燭、長苞香蒲、狹葉香蒲
高度	1.5～3公尺

| 分布地 | 廣泛分布於中國大陸、歐洲、北美洲及亞洲北部亦有分布。台灣常出現於海岸溼地。 |
| 觀察季節 | 春到秋季 |

78

鳥類
Birds

小鸊鷉

① 小鸊鷉。 ② 小鸊鷉亞成鳥。

　　為普遍分布的水鳥。體色以黑褐色為主，臉頰及頸側為紅褐色，嘴黑色，先端乳黃色，下嘴基部有一乳黃色斑點。在非繁殖季，背部為暗褐色腹部淡褐色，嘴角的斑點也變得較不明顯。營巢於沼澤、池塘、湖泊中叢生蘆葦、香蒲等地，雌雄共同築巢。善於游泳、潛水，潛水覓食深度可達2公尺，以水生昆蟲、幼蟲、魚蝦為食。

學名	*Podiceps ruficollis*
科別	鸊鷉科
別名	水鶯仔
體長	27公分

分布地 主要棲息在低海拔山區及平地的魚塭、湖泊及草澤環境。

觀察季節 全年，繁殖季5～8月。

夜鷺

　　常見的留鳥，於黑夜活動，經常動作緩慢或靜立不動地在水邊覓食，食性廣泛，凡魚蝦、蟹、昆蟲均會取食。雌、雄鳥羽色相同，成鳥全身是灰白調，背部、頭部則是黑藍色，腰部淺灰色，頭後有2至3根白色飾羽，嘴黑腳黃，繁殖期眼紅色，休息時常緊縮頸部，單腳站立。

學名	Nycticorax nycticorax		
科別	鷺科	分布地	普遍分布於沼澤、魚塭、溪流、砂洲。
別名	暗光鳥		
體長	58公分	觀察季節	全年

黃頭鷺

黃頭鷺冬羽。

　　常出現於平原、牧場、農田較乾燥的地區覓食，與小白鷺、夜鷺喜歡在水岸有所不同。體型較小白鷺粗壯，頸部較短而頭圓，嘴較短厚。夏羽羽毛白色，頭、頸、胸飾羽為橙黃色；冬羽全身雪白，只有嘴喙為黃色可與小白鷺區別（小白鷺嘴喙為黑色）。常棲息在牛背上，所以又叫牛背鷺。常與小白鷺、夜鷺在同一樹林中築巢，形成鷺鷥林。

學名	*Bubulcus ibis*		
科別	鷺科	分布地	平地至低海拔之旱田、沼澤、草原及牧場。
別名	牛背鷺		
體長	50公分	觀察季節	全年

小白鷺

　　小白鷺是數量最多的鷺科留鳥，常成群結隊地在草澤、稻田、潮間帶活動，以魚、蝦為主食，行動非常敏捷。常見牠們拍著翅膀，將嘴喙插入水中捕食，也會用腳在水中擾動，伺機咬取受驚嚇的魚蝦。全身羽毛白色，頸部細長，略彎曲成S形，嘴及腳黑色，腳趾呈黃色，春夏的繁殖季，眼先轉為紅色，頭部會長出兩根飾羽，相當漂亮。繁殖季會與黃頭鷺、夜鷺集體在竹林、相思林及木麻黃林、紅樹林中築巢。

學名	*Egretta garzetta*
科別	鷺科
別名	白鷺鷥
體長	60公分

分布地	普遍分布於溼地、稻田、水塘及低海拔平原。
觀察季節	全年

83

中白鷺

中白鷺吃食吳郭魚。

　　普遍的冬候鳥。體型介於大、小白鷺之間，常混於小白鷺及大白鷺群中，覓食習性也很接近。冬羽時無飾羽，嘴為黃色，尖端黑色；夏羽時背部會長出長飾羽，嘴轉為黑色，此時易與小白鷺混淆，可由體型大小、腳趾黑色 (小白鷺腳趾黃色)、頸部彎曲情形加以辨別。中白鷺的覓食方式跟小白鷺不同，牠們偏好採取定位等候獵物到來的覓食方式，因此常會看到中白鷺寧靜地站在沼澤裡等候獵物。

學名	*Egretta intermedia*	分布地	出現於海邊、沼澤、砂洲、河口等水域地帶。
科別	鷺科		
體長	69公分	觀察季節	冬候鳥

大白鷺

　　普遍生活在冬季沼澤地帶河口沼澤溼地裡的冬候鳥。常混於中、小白鷺群中。全身雪白，冬天時嘴的顏色是黃色，春天時會變回黑色。

　　頸腳很長，腿灰黑色，腳趾黑色，常伸長脖子漫步於水中；覓食時，會以腳在水中攪動然後捕食驚嚇四竄的魚。會緊縮頸部成S形振翅慢飛，姿態優雅。每年冬天來到台灣避寒，春天再回北方繁殖下一代。

學名	*Ardea alba*	分布地	出現於海邊、河口、沼澤、砂洲、湖泊等水域地帶。
科別	鷺科		
別名	東方白鷺、中大鷺、白莊、雪客、白漂鳥		
體長	90公分	觀察季節	冬候鳥

蒼鷺

　　鷺科鳥類中最高大者。為普遍的冬候鳥，常混於大白鷺群中。頭白色，頸部細長，前頸有數條黑線，嘴黃褐色，兩側有黑色飾羽，頸部很長，背面飾羽淡灰色，腳黃褐色。喜歡靜立水中，伺機捕捉游過的魚類。只要不是受到很大的干擾，整個度冬期都會停留在同一個區域。

學名 Ardea cinerea
科別 鷺科
體長 93公分

分布地 出現於鹽田、沼澤、河口、砂洲地帶。
觀察季節 冬候鳥

埃及聖䴉

埃及聖䴉。

　　埃及聖䴉屬於大型水鳥。嘴巴是黑色，向下彎曲就好像一把鐮刀，而腿、尾羽和翼羽的邊緣都呈現黑色，身體則為雪白。牠們通常以蛙類、蝦蟹、昆蟲等小型動物為食。常成小群共同活動。埃及聖䴉原本分布於東非、衣索匹亞等地區，在當地是普遍的留鳥，台灣進口豢養後，從野生動物園中逃逸出來在野外繁殖。聖䴉在古埃及屬於聖鳥，代表智慧之神Thoth（Thous），古代非洲王朝國王去世時，曾以聖䴉陪葬，這在古埃及許多壁畫中也有紀錄。

學名	*Threskiornis aethiopicus*	分布地	出現於草澤、溼地、水田或海岸等環境。
科別	朱鷺科		
別名	神聖朱鷺、聖䴉		
體長	75 公分	觀察季節	全年

黑面琵鷺

　　在台灣海岸濕地活動的鳥類中，黑面琵鷺最稀有也最具知名度。黑面琵鷺為冬候鳥，外形類似鷺鳥，最大的特徵是嘴長黑色，先端扁平如匙狀，形狀如古代樂器琵琶。腳黑色，嘴基部、眼先黑色相連，冬羽全身雪白，夏羽後頭飾羽及胸前變為黃色。常在海岸泥灘地、淺水魚塭活動，以長匙狀的嘴巴在泥水中不斷左右翻攪移動，吃食小魚、小蝦及底棲生物。

學名	Platalea minor
科別	朱鷺科
別名	飯匙鳥、琵琶嘴鷺、撓杯（台語）
高度	74～83公分

分布地	東亞、東南亞地區。繁殖地：中國大陸遼東半島、北韓。度冬地：台灣、香港、越南。
觀察季節	10月至翌年2月

曾文溪口的國寶

世界上共有六種琵鷺，黑面琵鷺是其中數量最少的一種，目前瀕臨絕種。牠們主要在北韓的一些小島繁殖，而在台灣、香港、越南等地度冬。在蘭陽溪口、台北八里、台中高美、嘉義鰲鼓都有出現的紀錄。台南曾文溪口一帶度冬的黑面琵鷺曾達到1350隻，占族群總數2/3，為最大的棲息地。現在黑面琵鷺的繁殖與度冬地都已劃為保護區，族群數量已有逐漸增加的趨勢。

曾文溪口黑面琵鷺棲息地。

琵嘴鴨

　　琵嘴鴨嘴大而扁平，呈匙狀，腳橙紅色，是最顯著特徵，不論遠距離或飛行中皆能藉以辨別。雄鳥嘴黑色，頭至上頸部暗綠色而有光澤，眼黃色。下頸部至上胸白色，下胸至腹部栗褐色，非常醒目。下腹白色，尾下覆羽黑色。雌鳥嘴暗褐色，周邊橙色，全身褐色，羽毛邊緣淡褐色有黑色過眼線。雄鳥羽色分明容易辨認；雌鳥全身大致為淡褐色，除嘴型之外，沒有其他較明顯的特徵。

學名	*Anas clypeata*		
科別	雁鴨科	分布地	出現於河口、砂洲、沼澤、湖泊地帶。常混於其他鴨種群中。
別名	湯匙仔		
體長	50公分	觀察季節	冬候鳥

小水鴨

　　小水鴨是常見的冬候鳥。雌雄個體的顏色差異也相當大。嘴、腳黑色。雄鳥的頭至頸部為栗褐色；眼睛周圍則是綠色，並延伸至頸側；外緣有淡色細邊。背部則是灰色，有暗色細紋；體側有一明顯的白色線斑；胸部淺灰色有暗色細斑；腹部白色。雌鳥全身都是暗褐色；有一條黑色的過眼線。常成群飛行，直接迅速由水面飛出，不需在水面助跑，喜歡在淺水帶的水域覓食。飛行時，振翅速度較其他鴨種快。

學名	*Anas crecca*		
科別	雁鴨科	**分布地**	常出現於河口、砂洲、湖泊、沼澤及內陸溪流地帶。
別名	綠翅鴨、小麻鴨、金翅仔		
體長	38公分	**觀察季節**	冬候鳥

紅冠水雞

❶ 紅冠水雞育雛。 ❷ 紅冠水雞的巢及卵。

　　紅冠水雞為普遍常見的水鳥。全身黑色，嘴基部及前額呈紅色，嘴尖黃色，腳略長，趾甚長。雙腳為黃綠色；在臀部兩側有大型的白色斑塊。尾羽短而常往上翹，在游動時，頭部會不停地向前伸展，白色的尾部也會規律地擺動。在沼澤中以草類莖桿築成圓形巢。繁殖後期常見親鳥帶幼鳥離巢覓食。喜歡在茂密的水草叢中穿梭。飛行能力不強。以水生螺類、昆蟲、植物種籽為食。

學名	*Gallinula chloropus*	分布地	活動於魚塭、水田及紅樹林等大面積的溼地或水塘。
科別	秧雞科		
別名	水駕令、過塘雞、黑水雞、紅骨頂	觀察季節	普遍的留鳥，全年可觀察。繁殖季5～8月。
體長	33公分		

白腹秧雞

　　白腹秧雞為普遍分布的水鳥，體型肥胖，嘴黃綠色，上嘴基部紅色，背部黑色，額、頸、腹面白色，下腹栗紅色。尾羽短而常往上翹，腳甚長，黃綠色，腳趾甚長。鳴聲為「苦哇，苦哇，……」，故有「苦雞母」的俗稱。棲息於沼澤，溪畔草叢中或稻田附近等隱蔽的地方，飛翔力差，平時不常飛翔。多築巢於草叢中，以雜草或竹葉等做成堆狀。個性害羞，經常只聽見鳴聲而不見身影。

學名	*Amaurornis phoenicurus*		分布地	水田、紅樹林、湖泊沼澤區
科別	秧雞科			
別名	苦雞母、白胸秧雞、姑婆鳥、苦惡鳥			
體長	30公分		觀察季節	全年

高蹺鴴

　　嘴細長而直，腳修長且紅，是很容易辨識的特徵，所以牠們又被稱為「長腿美女」。夏羽雄鳥背部及後頸黑色，臉、前頸，胸腹白色；雌鳥和雄鳥很相似，但頭上及後頸白色。常以緩慢優雅的姿勢步行於水田、魚塭、沼澤等淺水地帶群體活動。以昆蟲、小魚蝦、軟體動物為主食。

學名	*Himantopus himantopus*
科別	反嘴鴴科
別名	黑翅長腳鷸、躼跤仔
體長	32公分

| 分布地 | 常出現於沼澤、魚塭、水田淺水地帶的冬候鳥及留鳥。 |
| 觀察季節 | 全年，繁殖季為 4～6 月。 |

94

2

　　高蹺鴴早年多為過境鳥及冬候鳥，過境時大都棲息在西部和東北部的沿海或水田等溼地，度冬則以台南為主。近年西部沿海各溼地在夏季時有高蹺鴴逐漸定居繁殖，台南四草還有高蹺鴴繁殖保護區。高蹺鴴通常在乾燥的砂礫地築淺坑營巢。一窩產下約2～4顆蛋，孵化期間雄鳥與雌鳥會輪流孵蛋。小鳥孵化時間約3週左右，在這期間親鳥也會不停翻動蛋，使蛋的受熱平均。有外敵侵入時，親鳥就會飛起攻擊驅趕。

反嘴鴴

　　反嘴鴴是較少見的冬候鳥，繁殖於中國北部，在台南四草魚塭、紅樹林一帶較容易見到度冬的族群。由於具有反翹的黑色長喙，所以被取名為反嘴鴴。反嘴鴴大多群聚活動，用上翹的嘴喙在水中左右橫掃，濾食水中的小動物。嘴細長而向上翹，腳藍灰色。翼有大白斑。飛行時，背兩側、部分覆羽、初級飛羽黑色，其餘部分白色。腳甚長，飛行動作整齊劃一，非常壯觀。與黑面琵鷺、高蹺鴴合稱為台南溼地生態三寶。

學名	*Recurvirostra avosetta*
科別	反嘴鴴科
別名	反嘴鷸、翹嘴仔
體長	42公分

分布地	經常集體在潮間帶、魚塭、砂洲、河口、鹽田、沼澤區一帶活動。
觀察季節	冬候鳥

小環頸鴴

　　小環頸鴴是常見的冬候鳥或過境鳥，部分為留鳥。嘴為黑色，身體上半部為灰褐色，身體下半部則為白色；夏羽眼睛周圍為金黃色，過眼線為黑色，頭至背部間有明顯的白色頸輪，胸部有完整黑色環帶，腳橙黃色。一般出沒於有水靠海的環境，常常結成小群一起活動，善飛行，會在灘地上快速奔跑，追逐閃躲不及的獵物。以溼地上的小型螃蟹、無脊椎動物等為食。

學名	*Charadrius dubius*		常成群出現於砂洲、河口、海
科別	鴴科	分布地	岸附近之旱田、沼澤及內陸河
別名	金眶鴴		川等地帶。
體長	16公分	觀察季節	全年

黑腹濱鷸

　　所有在台灣度冬的鷸科鳥種中，就屬黑腹濱鷸的數量最多了！牠們常集結成數百到數千隻，在河口砂洲、泥灘地快步覓食。黑腹濱鷸的體色冬夏不同：夏羽頭頂和背上都是赤褐色，有黑色縱斑，胸腹部為黑色；冬羽頭及背部變為灰褐色，腹部則為白色，嘴腳黑色，嘴略長，微向下彎。而且喙部皮膚感覺極為敏銳，便於尋覓躲藏在泥中的沙蠶等小動物。經常整群一致編隊飛行，飛行技巧高超。

學名	*Calidris alpina*		出現於海岸、河口、沼澤、魚塭及紅樹林沼澤地帶。少部分為留鳥。彰化彰濱工業區和台南四草野生動物保護區都有超過一萬隻度冬族群。
科別	鷸科	分布地	
別名	濱鷸		
體長	19公分	觀察季節	冬候鳥

青足鷸

　　十分普遍常見的中型冬候鳥，體形略顯厚重；嘴厚，嘴末端微翹，腿細長，腳為灰綠或黃綠色。冬羽背面灰褐色，腹面白色。春天時背羽變成較淡的灰黑色。羽緣白色，腰部、尾部覆羽白色。通常單獨或少數幾隻出現於鳥群中，由於個體較大，極易辨別。性機警，叫聲為三音之「丟、丟、丟」聲，漫步沙灘或草澤間，行動敏捷，善於找尋招潮蟹、小魚蝦、水生昆蟲為食。覓食時各自活動，漲潮後會群棲在一起，以單腳站立，嘴夾於背後的方式休息。

學名	*Tringa nebularia*		
科別	鷸科	分布地	常出現於河口及淺水的泥灘地
別名	青腳仔		
體長	35公分	觀察季節	冬候鳥

鷹斑鷸

　　普遍的冬候鳥，嘴黑色，背灰褐色，布滿了許多白色斑點，類似老鷹的斑紋，在眼睛上方還有一條粗大的白色眉線。腹部白色，腳黃色。多出現在沼澤水淺地帶，群聚在水中覓食和休息，以昆蟲和軟體動物為主食，行動時尾巴部分明顯上下擺動。警戒心很強，生性機警，一旦受到驚嚇，會集體起飛後迅速繞圈爬升。

學名	*Tringa glareola*		
科別	鷸科	分布地	出現在水田、砂洲、沼澤等地方。
別名	林鷸		
體長	20 公分	觀察季節	9月至翌年3、4月過境期

小燕鷗

　　繁殖期嘴黃色，末端黑色，腳橘黃色，額白色，頭頂至後頸、過眼線黑色，頭至頸部、胸以下白色，背部灰色。非繁殖期嘴、腳黑褐色，頭頂黑色變淡變窄。築巢於砂灘地，常一坐進淺坑即可下蛋。每巢產1～3個卵，卵為乳白色，帶淺色褐斑，雌雄輪流孵卵和育雛，孵化期約3週。主要以魚及甲殼類為食；覓食時，常會在空中定點鼓翼，瞄準目標後即俯衝入水捕食。

學名 Sterna albifrons	**分布地**	分布於海岸、河口、沼澤及魚塭。
科別 鷗科		
別名 黃嘴鷹子、白額燕鷗	**觀察季節**	普遍夏候鳥及過境鳥，少部分為留鳥，4～7月為繁殖期。
體長 28公分		

白頭翁

❶ 白頭翁吃茄苳果實。　❷ 白頭翁幼雛。

　　白頭翁的族群數數量甚多,在低海拔地區處處可見。全身大致為黃綠色,頭上至後頸黑色,頭頂白色,所以叫「白頭翁」。背和腰羽大部分為灰綠色,翼和尾部稍帶黃綠色,喉部白色,胸

學名 *Pycnonotus sinensis*
科別 鵯科
別名 白頭殼仔(台語)
體長 19公分

分布地 台灣西部海拔1500公尺以下平原及山區。
觀察季節 全年

部有灰褐色寬紋，腹部灰白色，雜以黃綠色條
紋。白頭翁以漿果和種子為主食，喜歡將巢築在
相思樹或榕樹上，築巢的材料多以各種細軟的草
葉為主。白頭翁一窩產3～4枚蛋，蛋淺褐色有棕
紅色污斑。繁殖期會配對成雙，秋、冬季會群
聚。另一種十分相似的特有種烏頭翁分布在花東
地區，形成生態上頗為特殊的地理區隔現象。

褐頭鷦鶯

　　小型陸棲性鳥類，為普遍的特有亞種。夏天胸部為灰白色，全身大致為綠褐色，頭頂為褐色，嘴黑色，背面為褐色，略帶灰色，眉斑白色，頰、腹面黃白色，尾下覆羽淡黃褐色，尾羽很長，幾乎占全長的一半。冬羽類似夏羽，但嘴為褐色。褐頭鷦鶯常在芒草的葉子上築袋形的巢，以小昆蟲為食物，也會在紅樹林的枝條上築巢。常見褐頭鷦鶯在紅樹林頂端發出「啼—啼」的鳴叫聲宣示領域。

學名	*Prinia subflava*		
科別	鶯亞科	分布地	主要棲息於草叢、灌木叢、樹林等地帶。
別名	布袋鳥、芒頭丟仔、台灣鷦鶯、眉羽團扇鷦鶯		
體長	15公分	觀察季節	全年

黑枕藍鶲

　　在台灣普遍分布的鳥類。嘴藍色，雄鳥頭至頸部、背部、上胸大致為藍色，腹部以下灰白色，頭後有一黑斑，前頸下部有一黑色橫帶；雌鳥體色較雄鳥淡，頭至頸、胸為灰藍色，背部大致為灰褐色，翼及尾羽略帶藍色，上嘴基部內側黑色，頭後無黑斑，頸部無黑色橫帶。單獨或成對出現在平地到低海拔的樹林地帶，活潑好動，飛翔快速卻不會飛太遠，常定點停棲於小樹枝上，發現飛蟲則追捕獵食。鳴聲清脆宏亮。在小樹枝椏上，以細草根、草葉、樹皮纖維或苔蘚築精緻的倒錐形巢，外壁以蜘蛛網編織而成，遇到松鼠等敵害會加以驅離。

學名	Hypothymis azurea		低山區或丘陵地帶，棲息於雜
科別	鶲亞科	分布地	木林、果樹林或竹林，多活動
別名	染布鳥		於濃密且蔓藤糾結的樹叢。
體長	15公分	觀察季節	全年，繁殖季節4~7月。

105

大捲尾

　　普遍分布於低海拔的鳥類。全身黑色有光澤，尾羽很長，末端較寬，分叉，羽緣與腹部羽色較淡，飛行敏捷，地域性強。以昆蟲為主食，常棲坐在電線上或牛背上，以芒草穗、禾草纖維等材料，在林邊的高樹或電線上築碗形巢，繁殖期有人侵入鳥巢附近，會攻擊驅趕。性情凶猛，甚至會攻擊猛禽類，所以有空中警察的稱呼。

學名	*Dicrurus Macrocercus*
科別	捲尾科
別名	烏秋、烏鶖
體長	約29公分

分布地	低海拔的原野、農田、沼澤及闊葉林。
觀察季節	全年

魚類和螃蟹
Fish and Crabs

大彈塗魚

❶ 大彈塗魚彈跳。
❷ 大彈塗魚求偶。

　　大彈塗魚喜歡棲息在河口及紅樹林區的半淡鹹水域，以及沿岸海域的泥灘水域。身體灰褐色，體側散布不規則的白色斑點、黑斑及藍色亮斑，並有5、6條黑褐色略向前下斜的斜紋。腹鰭呈吸盤狀，常會成群地爬行到灘地活動，跳躍力強，只要一受驚嚇，就會快速跳離，躲入水中或洞穴裡；求偶期間，常會在泥灘地上彈跳吸引異性。大彈塗魚為雜食性，吃水中的藻類、浮游動物及其他無脊椎動物。

學名	*Boleophthalmus pectinirostris*		
科別	鰕虎魚科	分布地	台灣西部河口及紅樹林的泥灘水域
別名	花跳、花條		
體長	以8～12公分較為常見，最大可達約16公分左右。	觀察季節	春至秋季，以5～6月為最佳。

彈塗魚

① 彈塗魚用鰭爬行。
② 彈塗魚出洞。

　　普遍生活在台灣沿海沙泥底質的沿岸水域中，通常成群棲息在河口區、紅樹林溼地及港灣等地區。身體灰褐色，腹部灰白，身體細長，側邊扁。頭部寬大，口吻短而圓鈍，有厚厚的唇部，眼睛凸出於頭部上方。身體及頭背區均有細小的圓鱗。腹鰭呈心形的吸盤，可吸附在其他垂直物體或紅樹林樹幹上，並靠胸鰭柄爬行及跳躍。主要以浮游生物、昆蟲及其他無脊椎動物為食，也會刮食水底的藻類。

學名	*Periophthalmus modestus*	分布地	喜好棲息在河口、港灣、紅樹林溼地的鹹淡水域
科別	鰕虎魚科		
別名	狗甘仔、泥猴、跳魚		
體長	通常3～6 公分，最大體長約可達10公分。	觀察季節	全年，以天氣較溫暖為佳。

109

彈塗魚在陸地上
怎麼呼吸？

　　彈塗魚的魚鰓周圍有一個腔室，可以儲藏水分。腔室裡的水經過循環通過鰓部，讓身體獲得氧氣；此外，也可利用潮溼的皮膚和空氣直接進行氣體交換。所以彈塗魚可以離水生存相當長一段時間，但要不斷回到水邊交換新鮮水分，並側躺在泥地溼潤身體。

大彈塗魚的腔室裡充滿水分。

豆形拳蟹

　　在退潮後的小水灘中，常可發現牠們的蹤
跡，是少數能夠直行的螃蟹之一。雖然體型不
大，但是甲殼非常堅硬，有「千人捏不死」的俗
名。甲殼呈圓球狀，狀如拳頭，灰綠色，甲面散
生顆粒，甲殼中央有一道淺黃色帶。四對步足相
當細小，螯腳粗大。喜歡居住在硬底沙質的泥灘
地，退潮後會單獨或成對在有水的淺灘中活動，
遇到危險時，會以後掘的方式潛入砂中。

學名	*Philyra pisum*		
科別	玉蟹科	分布地	生活在河口附近的潮間帶
別名	千人捏不死		
體長	頭胸甲寬4公分	觀察季節	全年

螃蟹的身體構造

螃蟹是紅樹林沼澤最普遍、常見的動物，螃蟹身體分為頭胸部及腹部兩大部分，外部包了一層堅硬的外骨骼，腹部退化而反摺緊貼在頭胸部的下方。中國人常把螃蟹的腹部稱為臍，臍寬圓的是雌蟹，狹長的是雄蟹。

螃蟹的主要運動器官是附肢，包含了四對較細長的步腳和一對較大的鉗腳（螯），每一附肢皆由七個關節組成，由強健的肌肉藉槓桿作用而達到運動的功能。由於關節具有很大的方向變化範圍，所以螃蟹並不是只會橫著走。

潮間帶很多螃蟹都有揮舞雙螯的行為，不同的種類會有不同的揮舞方式；即使同種螃蟹也會因為示威、求偶等，而有不同的揮舞動作。

背面

王美鳳 改繪

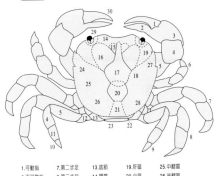

1.可動指	7.第二步足	13.底節	19.肝區	25.中鰓區
2.不可動指	8.第三步足	14.額區	20.心區	26.後鰓區
3.掌節	9.第四步足	15.前胃區	21.腸區	27.前側緣
4.腕節	10.指節	16.側胃區	22.後緣	28.後側緣
5.長節	11.前節	17.中胃區	23.腹部	29.眼區
6.第一步足	12.座節	18.後胃區	24.前鰓區	30.螯足

腹面 （本圖以雄蟹腹部形態繪製）

1.可動指	6.指節	11.口前部	16.後頰區	21.腹部（臍）
2.不可動指	7.前節	12.第一觸角	17.第三額區	21-1.第四腹節
3.掌節	8.座節	13.第二觸角	18.下肝區	21-2.第五腹節
4.腕節	9.基節	14.下眼窩	19.頰區	21-3.第六腹節
5.長節	10.底節	15.中頰區	20.胸部腹甲	21-4.第七腹節

短指和尚蟹

❶ 短指和尚蟹。 ❷ 成群的短指和尚蟹。

　　總是一大群出現的小型螃蟹。頭胸甲淡藍色、圓球型，很像和尚的頭，所以被稱為和尚蟹；又因為常在退潮後成群出來覓食，聲勢浩大，所以也稱兵蟹。牠們的四對腳細小，腳第一節前端為紅色，後端為白色。雙螯細長，大小相同，朝下彎曲，方便刮取有機質和藻類來吃。但和尚蟹的行動緩慢，常成為其他大型螃蟹及水鳥的食物。

　　在和尚蟹的洞口外，有像地鼠挖掘過的泥帶狀泥糞。在不受干擾的地區，只要將泥糞輕輕翻開，就可以看見牠們。

學名	*Mictyris brevidactylus*
科別	和尚蟹科
別名	和尚蟹、兵蟹、海和尚、珍珠蟹、搗米蟹
體長	頭胸甲寬2公分

分布地	紅樹林潮間帶軟溼的砂地
觀察季節	全年

114

斯氏沙蟹

❶ 斯氏沙蟹。 ❷ 體色紅色的斯氏沙蟹。

　　頭胸甲的部分是方形的，有紅色、褐色、灰白色，多種不同顏色的變化。眼窩又大又深，背甲上有細溝，很容易區分。有兩個大小不對稱的螯腳，大螯掌節內側有一列橫向的發聲器，可以摩擦發出聲音。步腳細長，善於奔跑、掘沙。成群住在潮間帶附近，喜歡土質比例較多的灘地，洞口圓略扁，有扇形泥糞。退潮時會集體出洞攝食，會捕食和尚蟹等小型螃蟹，並吃泥土中的有機物及腐爛的動物屍體，所以在腐屍旁常可看到牠們的洞穴，不論晝夜都會出洞活動。

學名	*Ocypode stimpsoni*	分布地	砂岸潮間帶高潮線附近區域
科別	沙蟹科		
別名	痕掌沙蟹、沙馬仔、幽靈蟹、鬼蟹	觀察季節	全年
體長	頭胸甲4～6公分		

115

弧邊招潮蟹

① 弧邊招潮蟹雄蟹打架。
② 弧邊招潮蟹雌蟹。

　　背甲上有網狀的紫黑色花紋，所以又稱網紋招潮蟹。雄蟹的大螯呈橘紅色且有厚而多的小瘤覆蓋，螯端為白色，求偶時會採用垂直揮舞大螯的方式，吸引雌蟹注意。弧邊招潮蟹喜歡在泥質、沒有植被的開闊地築巢，並在洞口邊緣用泥土圍成一圈土牆，看起來就像一個個小火山口，可能是為了防禦外來侵入者，或低潮時可以減少水分散失。

學名 *Uca arcuata*		分布於大陸沿海、香港、台灣、日本。
科別 沙蟹科	分布地	喜歡居住在河流兩側泥質的開闊灘地。
別名 網紋招潮蟹		在紅樹林下方的軟泥地也非常普遍。
體長 頭胸甲寬4公分	觀察季節	春至秋季，冬季寒冷時蟄伏洞中。

北方呼喚招潮蟹

❶ 北方呼喚招潮蟹雄蟹。
❷ 北方呼喚招潮蟹雌蟹。

　　北方呼喚招潮蟹的背甲身體為圓柱狀，雄蟹頭胸甲通常灰褐色，雌蟹灰白色。雄蟹一側螯大、一側螯小，大螯黃色，上面有許多紅色或黃色突起，在大螯的不可動指近指端處還有一個三角形突起，形成一個W形的凹陷；雌螯的兩個螯都很小。會集結成小群，遠離洞穴到較潮濕的地方覓食。洞口的形狀稍扁，沒有特別的擬糞。

學名	*Uca borealis*	分布地	喜歡棲住在靠近紅樹林沼澤低潮線水流平緩的泥砂地。
科別	沙蟹科		
別名	黃螯招潮蟹		
體長	頭胸甲寬5～6公分	觀察季節	春至秋季，冬季寒冷時蟄伏洞中。

清白招潮蟹

① 清白招潮蟹雄蟹。
② 清白招潮蟹雌蟹。

　　為紅樹林沼澤最常見的螃蟹，頭胸甲略呈長方形，為白、黃白或有灰黑斑紋。雄蟹大螯腳白色，外側面光滑，步足黃灰色，內側面有時紅褐色。在泥灘地挖洞為巢，洞口周圍地面布滿進食後留下的擬糞。雄蟹常會將大螯腳側向式揮舞。有時可見到雌雄蟹在洞口外交配。

學名	*Uca lactea*
科別	沙蟹科
別名	白扇招潮蟹
體長	頭胸甲寬1.5公分

分布地	分布於香港、中國大陸、日本。台灣主要分布於海灣、河口、紅樹林高潮線附近泥灘地或砂地。
觀察季節	春至秋季，冬季寒冷時蟄伏洞中。

雄蟹、雌蟹大不同！

招潮蟹最大的特徵，就是雄蟹和雌蟹長得不一樣。雄蟹的兩隻螯大小不同，其中較大的一隻和身體完全不成比例，長度往往可達背甲的三倍以上，重量可達體重的一半，色彩鮮豔且具有特殊的圖案。由於招潮蟹揮舞大螯的動作好像在演奏小提琴，所以英文稱為提琴手蟹（Fiddler crab），中國人則因為牠不斷向大海揮舞的姿勢而稱為招潮蟹。雌蟹的體型和雄蟹差不多，但是雌蟹的螯很小，而且兩隻螯的大小一樣。

婆羅洲招潮蟹雄蟹有一對大小差距極大的大螯。

為什麼有些種類的螃蟹要挖洞？

地洞可提供螃蟹較安全的環境，躲在洞內可以避免各種掠食者的侵襲，也可以避免被潮浪沖走或烈日曝曬；另一方面，地洞也是沼澤螃蟹社會行為的中心，無論覓食、求偶、交配都在地洞附近進行。

螃蟹洞口的形狀、築洞位置會因種類而不同，往往從洞口的特徵就能辨別裡面住了哪一種螃蟹。

清白招潮蟹的洞口。

萬歲大眼蟹

　　在覓食的時候，經常會高舉雙螯好像日本人高喊萬歲的姿勢，所以被稱為萬歲大眼蟹。身體黑灰色，背甲呈橫長方形，表面有顆粒及軟毛。牠們有長長的眼柄，大約2公分左右，常將身體藏入水中，眼柄露出水面，就像潛望鏡一樣，一邊覓食、一邊觀察外界的變化，一有狀況就迅速躲入洞中，所以又稱哨兵蟹。常大群出現在紅樹林旁的泥灘地。

學名	*Macrophthalmus banzai*		
科別	沙蟹科	分布地	喜歡棲息於又溼又軟的泥質灘地，密密麻麻的集中於灘面。
別名	哨兵蟹、望潮、布蚵仔（台南）		
體長	頭胸甲寬4公分	觀察季節	全年

121

雙扇股窗蟹

　　迷你型群居性螃蟹，體色就和砂地的顏色一樣。兩螯大小相同，步足長節內側及外側都有一個卵形的股窗。腳上的鼓膜內面布滿微血管，是氣體交換的地方。雙扇股窗蟹群居在沙灘上，退潮後，以洞口為中心，向外邊走邊用雙螯挖取砂團送入口中，以裡面的有機碎塊當食物，剩下的砂團，則會變成丸狀吐出，再用螯把砂丸丟棄。雖然是隨意丟棄的，但經常與地上的挖食痕構成有趣的輻射狀圖案。

學名	*Scopimera bitympana*		
科別	沙蟹科	分布地	排水良好之砂泥地
別名	噴沙蟹、搗米蟹		
體長	頭胸甲寬0.5公分	觀察季節	5～6月常見

角眼拜佛蟹

　　小型群居的螃蟹，身體顏色像砂粒一樣，只有當雄蟹舉起兩隻大小相同的藍到白色螯腳時，才比較容易發現牠們；此外，雄蟹的兩個眼睛上方，各有一個角狀的凸出構造，這是和雌蟹在外觀上明顯的不同處。雄蟹揮螯的動作也很有趣，會將身體挺起，雙螯平舉就像佛教徒在膜拜一樣，牠們的名字也就是這麼來的；也有人看牠們的雙螯向下收回時，很像日本古代武士的切腹動作，所以也稱切腹蟹。

學名	*Tmethypocoelis ceratophora*		
科別	沙蟹科	**分布地**	紅樹林潮間帶泥灘地
別名	切腹仔、拜佛蟹		
體長	頭胸甲寬1公分	**觀察季節**	春至秋季

無齒螳臂蟹

　　無齒螳臂蟹的名字，是因為在背甲左右靠近眼睛附近，沒有鋸齒狀的突起；另外，背甲中心還有一個酒精燈形的紋路，非常特別。平常在河口草澤、岸邊土堤或水田的田埂間挖洞居住，或隱藏在石塊之間。經常在晨昏及夜晚活動，會用大螯剪斷水稻的莖稈，是水稻的殺手，所以不怎麼受農民歡迎，萬一被農民遇到就要倒大霉了。

學名	*Chiromantes dehaani*	分布地	紅樹林沼澤、草澤邊緣、田梗、排水溝
科別	方蟹科		
別名	漢氏螳臂蟹		
體長	頭胸甲寬3～5公分	觀察季節	全年

摺痕擬相手蟹

　　頭胸甲接近四方形，前半黑褐色並雜有黃色
斑，並有粗糙的顆粒，相當絢麗。有一雙粗大、
銳利的紅色大螯，看起來非常恐怖。以紅樹林落
葉、殘枝、蘆葦、芒草為食，也會吃其他蟹類的
屍體，屬於雜食性。會在河口泥灘地及紅樹林的
根部附近大石下挖洞居住，也經常爬到紅樹林樹
幹上或石縫中躲藏。

學名	*Parasearma plicatum*		潮間帶河口域岸邊或紅樹林根部及泥灘
科別	方蟹科	分布地	地的大石下。河口高潮線附近海域、河
別名	隱蟹		岸邊，紅樹林外緣及草澤。
體長	頭胸甲寬2公分	觀察季節	春至秋季

125

隆脊張口蟹

　　頭胸甲接近圓形，背甲側面邊緣有許多明顯突起，背甲表面有許多茸毛，並有明顯的酒精燈形紋路。眼柄及背甲周邊呈紅色，有的個體全身呈鮮豔的紫色，關節處為紅色，螯指淡白色，體色漂亮，很容易辨識。平常挖洞居住在河口附近的草澤附近、木麻黃林下、田埂間、紅樹林沼澤及土堤旁。以植物碎屑為食，也吃其他腐屍。

學名	*Chasmagnathus convexus*	
科別	方蟹科	分布地
別名	濆蟹	
體長	頭胸甲寬5公分	
	觀察季節	全年

高潮線附近泥土質的河口域、草澤周邊、紅樹林沼澤或海岸附近的水田田埂中，以及紅樹林步道下方土堤。

台灣厚蟹

　　為台灣特有種，動作緩慢，反應較其他螃蟹
遲鈍。身體呈墨綠色，有粗壯、光滑的螯腳，前
端略小，後端肥大，外側面土黃色。背甲呈方
形，身體略扁平。甲面中後部較隆起，表面具有
細小顆粒。在草原的洞口是圓形，並有扇形的泥
糞，深約40～70公分；在溼泥地、泥砂地、泥濘
地中，洞口呈扁平，洞深大約25～35公分。會到
洞口相當遠的地方覓食，在好天氣時也會出洞，
但什麼也不做，靜靜地曬太陽。

學名	*Helice formosensis*		分布地	泥質灘地到硬泥地的草叢中，穴居在高潮線附近的泥灘地、沼澤、紅樹林及魚塭區。
科別	方蟹科			
別名	青蟹			
體長	頭胸甲寬6公分		觀察季節	全年

兇狠圓軸蟹

　　一看名字就知道這種螃蟹不好惹，牠的體型
碩大，是台灣最大型的陸蟹。有很強的領域性，
遇到入侵者會把身體撐起來，並且高舉大螯，想
把入侵者嚇跑。習慣晚上出沒，尤其在下過大雨
後比較容易看見。分布於潮水淹不到的陸地，包
括草澤地勢較高處、灌木叢或防風林底部。善於
挖洞穴居，會將洞內的泥土挖出堆置於洞口上
方，形成塔狀，洞穴底部有蓄積一些半鹹水。雜
食性，主要以落葉、枯草、腐肉為食。

學名	*Cardisoma carnifex*		分布於薩摩亞群島、塔希提、自
科別	地蟹科	分布地	印度太平洋區直到東非、台灣島
別名	筍等狗、海狗仔、雷公蟳、		以及中國大陸的海南島等地。
	紅憨狗		
體長	頭胸甲寬7～8公分	觀察季節	全年

甲殼類與
軟體動物

Crustaceans and Molluscs

海蟑螂

　　海蟑螂是海岸地帶最常見的甲殼類之一，白天常躲在岩石縫裡，繁殖期在春季，卵胎生。海蟑螂常被誤以為是一種昆蟲，事實上牠們具七對附肢，屬甲殼動物的等腳目，和蟑螂沒有關係（昆蟲只有三對附肢），只是因為外形和運動方式、速度頗像小蟑螂，所以被稱為海蟑螂。

　　牠們身體上下扁平，除了頭部外，身體有十三節，其中胸部七節，腹部六節，尾部腹面是呼吸器官。頭上有一對大眼，一對觸鬚和嘴。海蟑螂喜歡在海邊垃圾堆積或有腐肉的地方，以吃食各種藻類碎片、有機碎屑為生，是海邊重要的清道夫。大多成群在礫石縫隙間活動，也可爬入水中避敵。

學名 Ligia exotica
科別 海蟑螂科
別名 海蛆、海岸水虱
體長 長約2～4公分

分布地 生活在高潮帶，在海邊礫石區、礁岩區、港口的碼頭、木樁及漁船上常可發現。

觀察季節 全年

藤壺

　　藤壺屬於節肢動物甲殼綱，目前已知的藤壺種類超過1,000種。分為有柄類與無柄類，包括了有柄的「茗荷類」、無柄的「藤壺類」及「花籠藤壺」等，藤壺有石灰質的殼板，殼圓錐形，外形像小火山，殼口小。常附在潮間帶的岩石上，某些則成群附著於漂浮物、其他甲殼類的外殼上。胸部有六對蔓腳，漲潮時蔓腳伸出殼口，捕食浮游生物；蔓腳的運動很迅速，每分鐘可達80次，藉以撥動海水，攝取食物。

學名	*Balanidae*		
科別	藤壺科	分布地	廣泛著生在海岸礁石上，紅樹林亦頗為常見。
別名	蚵沏仔		
高度	約1公分	觀察季節	全年

沙蠶

　　沙蠶屬於環節動物門多毛綱（Polychaeta）。
體色綠紅色，身體由許多環節所組成，每一環節
的兩側都有一對步足，步足上具有很多剛毛，在
運動時藉由彎曲身體配合步足前進。沙蠶沒有觸
角，口器特別發達，口器中可以見到細小的牙
齒。主要生活在紅樹林四周的泥濘地下約5～15
公分的泥沙中，以土壤中的有機質、藻類為食，
同時也是魚類、蝦、蟹等動物捕食的對象。

學名	Nereis succinea
科別	沙蠶科
別名	沙蟲
體長	10～15公分

| 分布地 | 廣泛分布於海洋環境，包括沿岸、淺海、深海、砂泥地、珊瑚礁、河口、紅樹林等多樣棲地。 |
| 觀察季節 | 全年 |

粗紋玉黍螺

　　紅樹林沼澤最具代表性的腹足綱螺貝類，常上到紅樹林植物的枝葉間棲息，為台灣北部最大型的玉黍螺。殼有黑褐、淡褐、白色等不同色彩變異，螺塔尖而高，螺塔的開口大、貝殼面密布著波紋狀的螺紋，殼薄，爬行時可見完整的眼、口、足、觸角。耐旱力很強，在乾燥環境時會用角質的口蓋密閉殼口，並會在殼口分泌多量的黏液，幫助度過乾旱。能夠適應河口高鹽分的海水，以藻類、樹葉為食。喜歡爬上紅樹林的枝葉，以躲避水中、泥灘上的掠食者。

學名	*Littoraria scabra scabra*		
科別	玉黍螺科	分布地	常棲息在紅樹林、潮間帶岩礁。
別名	玉黍螺		
體長	殼長約 2 公分	觀察季節	全年

燒酒海蜷

　　主要分布在泥質灘地上，並會爬行到紅樹林枝幹棲息。頭寬尾細呈長圓錐形，外殼和顏色變化頗大，顏色大致上為黑褐色並有灰白色環，並有粗大而不明顯的縱肋和細的螺肋。在泥灘爬行時整個貝殼會沾滿泥，可以避免被水鳥發現，而且在烈日下也能隔熱。退潮海水未乾時出來活動覓食，吃泥土裡的有機質、海藻碎屑，等水快退乾及漲潮時，則會鑽入泥土裡休息。

　　燒酒海蜷廣泛被人食用，洗乾淨後再把尾尖剪掉，以利入味及吸食，加辣椒等辛香料拌炒口感特殊，是下酒的佳餚，俗稱「燒酒螺」。早期台灣河口泥灘地產量豐富，密密麻麻比比皆是，但現在產量變少，目前大多從菲律賓進口。

學名	*Batillaria zonalis*		
科別	海蜷科	分布地	台灣西海岸。西太平洋、印度洋海邊潮間帶的泥灘地。
別名	燒酒螺		
體長	殼長約3公分	觀察季節	全年

牡蠣

❶ 蚵民架起蚵棚養殖牡蠣。
❷ 牡蠣特寫。

　　牡蠣屬於軟體動物雙殼綱，台灣的牡蠣有18種，最主要的品種為太平洋牡蠣，又稱長牡蠣或巨牡蠣，以過濾海中的浮游生物及有機質為食。牡蠣的背殼呈不規則形，成體以左殼固著在堅硬的底質上，不像其他的雙殼類如文蛤等，可以自由移動。

　　成熟的牡蠣會釋出精子及卵子，在水中受精後發育成浮游的幼蟲，當時機成熟則固著在基質上發育成帶殼的小牡蠣。和其他軟體動物一樣，牡蠣的外套膜隨著個體的成長，持續分泌含有高量鈣質的物質形成外殼，保護柔軟的身體。

學名	*Crassostrea gigas*	分布地	多棲息在潮間帶或淺海礁岩海底。養殖區域遍布台灣中南部沿海地區。
科別	牡蠣科		
別名	蠔、生蠔（粵語地區）、蚵仔（閩南語地區）		
體長	10公分	觀察季節	全年

135

推薦觀察地點

一、淡水河口區紅樹林（水筆仔）

（1）竹圍紅樹林

竹圍大部分河灘地為水筆仔純林，面積約60公頃，全台分布最北、面積最大的水筆仔純林，生長良好、高大密，是最佳的自然教室。

隨著地貌的變遷，小部分已成為潮水不易到達的淤地，一些耐水浸的植物侵入取代紅樹林位置，以白茅、鹽鼠尾粟、蘆葦等植物較多，亦有冬青菊、苦藍盤、五節等，也許有一天會逐漸自然演替為非紅樹林區。設計有棧與自行車道供遊客瀏覽紅樹林風光。

（2）挖子尾紅樹林

挖子尾自然保留區涵蓋挖子尾附近、淡水河左岸、道路15號公路以北的紅樹林生長區域。淡水河出口左岸凹與挖子尾排水匯合，形成溼泥環境，正適合紅樹生長，是螃蟹與彈塗魚最密集的地區。

區內南半部為水筆仔純林，林相茂密，林緣有黃槿林投等，且水筆仔幼苗尚不斷地向周邊軟泥地拓展。往出口方向，由積砂形成砂丘地形，有許多砂丘植物混生，有好的步道與解說牌，很適合教育觀察。

（3）關渡沼澤

關渡自然保留區包括關渡渡口以東，關渡平原防潮以南，基隆河右岸沼澤區。由於基隆河和淡水河交匯，上攜帶下來的泥砂與有機物大量沈積，形成沼澤環境。草澤物於每年秋季枯死後，在沼泥中慢慢腐爛分解成有機細屑供養許多生活在泥沼地的小動物及魚、蝦、蟹類，吸引水人

來此覓食，成為賞鳥勝地。

關渡沼澤原來以蘆葦與鹹草較多，水筆仔只少量生長於西端的淡水河岸，由於不斷地向草澤入侵拓殖，如今已形成數十公頃水筆仔純林。

堤岸內部分廢耕的農地，已自然形成淺水草澤，主要植物有蘆葦、鹹草、水燭、巴拉草、雙穗雀稗等，冬季有大群水鳥來此度冬或過境。關渡自然公園在河堤上開闢自行車道，適合騎自行車遊覽。

(4) 社子島紅樹林

位於社子島尾端淡水河與基隆河交匯處，南側靠淡水河紅樹林約有2～3公頃，沿著河堤帶狀分布，北側基隆河岸與關渡紅樹林遙遙相對。由於堤岸邊多放置消波塊，水筆仔只能生長在水泥縫隙中，該紅樹林生育地緊鄰社子島自行車道，可以一邊騎自行車，一邊欣賞紅樹林與河流風景，非常宜人。

(5) 關渡橋下紅樹林

位於關渡大橋下方兩側至關渡碼頭之間的淡水河岸，由於河岸淤積，水筆仔胎生苗漂來定居，約於20年前開始形成紅樹林沼澤，現在面積約有5公頃。可從關渡自行車道沿路欣賞，亦可搭船沿著河道欣賞紅樹林之美。

二、新豐紅樹林（水筆仔、海茄苳）

紅毛河由新竹縣新豐鄉出海，河口紅樹林面積大約8.5公頃。北岸為海茄苳與零星的水筆仔，林緣小面積的草澤有海雀稗、鹽地鼠尾粟和鹽定；南岸紅樹林以水筆仔為主，海茄苳較少，與防風林銜接處有大片的苦藍盤。

紅毛河口這片看似單純的河口森林，實際上孕育了豐富的生物資源；河口南邊的防風綠帶與鳳坑村朴樹老樹群，

設計有木棧道與涼亭，也可為大眾提供一個兼具教育與觀
的場所。

三、中港溪口紅樹林（水筆仔）

苗栗縣竹南鎮塭仔頭中港溪出海口，上游夾帶而下
泥砂在此淤積，形成大片泥質灘地，適合紅樹林生長。本
的水筆仔大多分布於柜榴溝渠與中港溪交匯處；林緣有冬
菊、魯花樹、馬甲子、苦檻藍、苦藍盤、番杏及蘆葦，提
動物覓食與棲息的場所。

四、通霄紅樹林（水筆仔）

苗栗縣通霄海水浴場以北沿岸，原本種植了茂密的
樹林，除數株海茄苳外，皆為水筆仔。可惜因長期淤砂、
建海水浴場及火力發電廠等，大部分紅樹林已消失，只剩
面積的水筆仔被圍困在砂地中。近年來已經逐漸重新復育
長，並設有解說步道及解說牌提供遊客資訊。

五、東石紅樹林（水筆仔、海茄苳）

朴子溪口北岸有一處面積約2公頃的海茄苳與水筆仔
生林，由於較偏僻，干擾較少，有不少小白鷺、牛背鷺與
鷺等鷺鳥群棲住，呈現鷺林景觀。海茄苳與水筆仔的幼苗
隨漲潮而上溯拓殖，在距離河口約3公里的東石大橋一帶
已形成小面積的幼林。

六、布袋好美寮紅樹林（海茄苳）

八掌溪口以北，布袋埔新生地以南的浮洲、潟湖
紅樹林與防風林帶已劃定為好美寮自然保護區。

好美寮浮洲與陸地間的潟湖，原供傳統的蚵貝類養殖用，嘉義縣政府於1979年將潟湖中南段闢建為魚塭，放租給民眾經營。現存潟湖與浮洲過渡帶的溼地，有苦檻藍、苦藍盤、鹽地鼠尾粟、黃花磯松、濱水菜和鹽定等植物。

潟湖北段的泥質灘地有許多海茄苳幼木成長，並逐漸擴展到浮洲，如果順其自然生長，將可演替為大面積的紅樹林。此外，這裡並有人工試種的紅海欖、水筆仔、欖李等，其中以紅海欖成長情況良好。

此外，布袋紅樹林區位於龍宮溪口北邊的泥灘地，面積約20公頃，為海茄苳林，也許與風浪、土質等有關，這些海茄苳樹形低矮，高度約在3公尺以下。紅樹林西緣曾有單株生長的紅海欖，林內地勢高處也有少許苦藍盤與木麻黃；東邊堤岸有濱水菜、台灣濱藜、苦藍盤、苦檻藍、冬青菊等。鹽田有解說步道，可以深入紅樹林觀賞。

七、雙春海岸紅樹林（紅海欖、海茄苳、欖李）

台南縣雙春海岸林位在八掌溪與急水溪口間，當初因砂源不足，地勢不夠高，因此挖溝築土堤，並在土堤上種植木麻黃防風林。土堤間的溝渠在雨季積水，形成局部草澤。離岸防風林緣的公墓有小壺洞，內有相當罕見的野荸薺族群。近年縣政府移除部分防風林，試圖創造溼地，種植紅海欖、海茄苳、欖李等紅樹林，成果相當不錯。

八、北門紅樹林（海茄苳）

（1）將軍溪口溼地

將軍溪由將軍鄉與北門鄉交界處出海，土沉香、水筆仔、苦藍盤、魚藤等沿海岸帶狀分布，形成美麗的溪畔林；溪岸的土沉香綠帶可算是全台灣最壯觀的一段，落葉前的紅、黃葉尤其顯眼。此外，將軍溪南邊馬砂溝公墓內的潮

溝,有目前已很少見的姬草海桐族群。

九、七股頂頭額汕紅樹林(欖李、海茄苳)

曾文溪口北邊的浮覆地,因有珍貴的黑面琵鷺度冬,而曾引發護鳥與開發之爭。溪口以北的頂頭額洲,呈南北向紡錘形,並曾種植木麻黃。北段的低窪壺洞,水草繁茂;林間溝渠常有水鴨棲息,並有大量欖李入侵。目前為保護黑面琵鷺所規畫的「曾文溪口野生動物保護區」,位於曾文溪出海口北岸,面積為1,210公頃,頂頭額溼地亦含括在內。

七股溪流入潟湖出海,溪口及附近排水溝或塭岸有海茄苳分布。溪口的海茄苳林面積約5公頃,有大群鷺鳥棲住,水道有許多蚵架與網尾。另外,篤加一帶的排水溝,也生長了海茄苳,部分已因台17線公路拓寬而消失。最近有人在某些塭岸復育苦檻藍,成果良好。

十、台南市四草與四鯤鯓紅樹林(欖李、紅海欖、海茄苳)

台南市海岸線很長,北起曾文溪口,南至二仁溪口。台灣稀有的紅樹林植物如欖李與紅海欖,大多僅存在台南市範圍內。

四草大眾廟與鹽金局間尚有面積約3公頃的紅樹林保護區,是台南市重要的環境教育場所,樹種為紅海欖、欖李及海茄苳,亦有土沉香、毛苦參、海桐等零星分布,但因建廟、濫葬等,面積比以前少了許多。竹筏港遺跡一帶,有高大茂密的海茄苳與土沉香分布在水岸,也有一些欖李入侵廢鹽田,綠林倒映水中,十分優美。現有服務遊客乘船沿河岸解說導覽的活動,是南部紅樹林解說教育的好地點。

十一、永安紅樹林（海茄苳）

（1）水畔紅樹林

阿公店溪下游水畔的海茄苳高達6公尺，林帶最寬處約10公尺。因海茄苳有橫走長根系，以及茂密直立的呼吸根群，護岸功能相當優越，沿岸地主對溪畔林愛護備至。

永安鄉境的大排水，寬度在10～30公尺間，兩岸皆有高大茂密的紅樹林帶，主要由海茄苳組成，偶爾可發現紅海欖與欖李。林帶有鷺鳥群棲住，林下也適合垂釣。

（2）鹽田紅樹林

永安有許多荒廢的鹽田，高雄縣政府曾建議劃定部分水池及鹽田溼地做為保護區，供水鳥棲息及鄉土教學之用。

十二、高雄市紅樹林（海茄苳）

（1）旗津紅樹林

旗津國中後方，民宅後院的12株海茄苳及1株欖李，樹高3～10公尺，胸徑15～75公分，樹齡或已屆百年，是台灣最老的紅樹林。

（2）典寶溪口紅樹林

典寶溪由高雄市與梓官鄉交界處出海，溪口兩岸有海茄苳林帶，高大挺拔，亦見少許水筆仔，也是水筆仔在台灣分布的南界。

十三、東港紅樹林（海茄苳）

大鵬灣水道兩岸及部分堰岸，是相當優美的綠帶，林下釣船與釣客眾多。東港地區的綠資源中，以海茄苳最適合生長、景觀也最美。

紅樹林觀察紀錄表

地點／	日期／		天氣／
海水漲到最高的時間／		海水降到最低的時間／	
周圍環境敘述：			
觀察到的植物	名稱：		
	特徵：		
	分布範圍：		
觀察到的植物	名稱：		
	特徵：		
	分布範圍：		
觀察到的植物	名稱：		
	特徵：		
	分布範圍：		

*若不知道植物名稱，可拍照下來以便查詢。

*特徵如型態為喬木、灌木、草本；葉子大小，質感；現在是否開花、結果等。

*分布範圍敘述該種植物分布的區域，如泥灘地上方的草叢；紅樹林邊緣的泥地等。

紅樹林觀察紀錄表

地點／	日期／		天氣／
海水漲到最高的時間／		海水降到最低的時間／	
周圍環境敘述：			
觀察到的動物	名稱：		
	特徵：		
	分布範圍：		
觀察到的動物	名稱：		
	特徵：		
	分布範圍：		
觀察到的動物	名稱：		
	特徵：		
	分布範圍：		

＊若不知道動物名稱，先大概分類，如鳥類、螃蟹。如果可能的話，拍照下來以便查詢。

＊先描述該種動物的特徵，如全身羽毛雪白，嘴黑色，腳趾黃色。

＊描述該種動物有何動作，如以匙狀的嘴巴在泥水中來回攪動覓食。或一邊以小螯挾取泥沙進食，一邊揮舞大螯。

定價/新台幣 200元

第一版第一刷/2015年7月

電話/(02) 2917-8022

總經銷/聯合發行股份有限公司

電話/(02) 2918-3366（代表號）

製版印刷廠/秀威資訊科技印刷股份有限公司

郵政劃撥帳號/16402311 八八出版股份有限公司

網址/http://www.jjp.com.tw

傳真/(02) 2914-0000

電話/(02) 2918-3366（代表號）

地址/23145新北市新店區寶橋路235巷6弄6號7樓

出版者/八八出版股份有限公司

排版製作/秀威資訊科技印刷股份有限公司

發行人/周元白

美術編輯/張豪良

系列主編/樓國鳴

作

國家圖書館出版品預行編目資料

紅樓林：106個紅樓林未來的預測/
姚碩哲作. --第一版.--
新北市：八八, 2015.07
面 ： 公分. --(自然時尚養身系列)
ISBN 978-986-461-006-8（平裝）

1.考物志 2.紅樓林 3.養身

366.33　　　　　　10401 2793